好时光："家中的咖啡馆"无国界美味三餐

〔韩〕郑荣仙　著
郑丹丹　译

河南科学技术出版社
·郑州·

本书使用说明

- 1杯是200mL，1大勺是15mL，1小勺是5mL。
  家中使用的杯子和勺子大小各不相同，建议使用规格标准的量杯或量勺，使用时把工具放平，进行标准计量。
- 所有配方均是2人份标准。
- 原料的顺序依照制作顺序列出。
- 调料及酱料等需要预先混合的原料依照用量由多到少的顺序列出。

目录 Contents

充实的午餐
令全天快乐百分百

{ Set 01 } * 82

午餐肉饭团
露葵汤

{ Set 02 } * 87

油豆腐寿司
蛤仔日式大酱汤

{ Set 03 } * 91

虾肉炒饭
凉拌蛤仔

{ Set 04 } * 94

部队火锅
凉拌菠菜豆腐

{ Set 05 } * 99

蛤仔面条
炒西葫芦

{ Set 06 } * 102

荞麦面
飞鱼籽黄瓜寿司

{ Set 07 } * 107

辣白菜炒饭
豆腐蔬菜饼

{ Set 08 } * 111

海鲜炒乌冬面
虾肉炒蒜薹

{ Set 09 } * 115

豆面条
腌桔梗黄瓜

{ Set 10 } * 119

墨西哥牛肉酱
冰茶

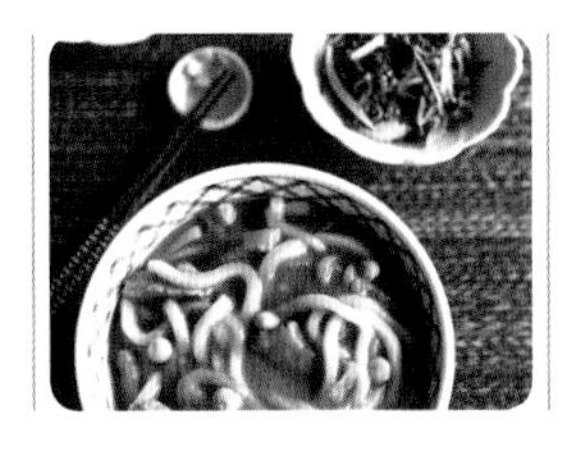

唤起爱的
美味晚餐

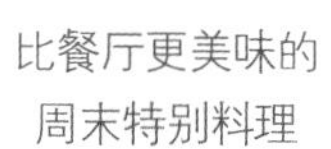

比餐厅更美味的
周末特别料理

序言

这本书的诞生源于一封邮件。

一封题目为“不知道您是不是我认识的那个人”的邮件被我打开的一刹那，我无法抑制那份喜悦。这封信是很久以前，在我准备成为电视台作家的时期曾遇到的一个师妹写给我的。看到我出版的一本书上的作者照片，她萌生了给我写信的念头。10年的漫长岁月，我从一名电视台作家转行至料理领域，她从杂志社编辑成为出版社总编。实在是很神奇，我们都不曾预想还能够再次相会，如同20多岁曾怀抱共同梦想的我们无法预知今天的生活。人生变幻莫测，这样的重逢成为这本《好时光：“家中的咖啡馆”无国界美味三餐》产生的契机。

本书内容原是我日常生活中的餐桌日记。不少朋友问我：“你在家也会把餐厅布置得如同咖啡馆一般吗？”我的回答是肯定的。出门选购新鲜的食材，为了心爱的人准备料理，盛放在相匹配的碗碟中，吃着饭，慢条斯理聊着天，餐桌前的时光是无比愉悦的。这对我来说也是一个心情沉淀的过程。满怀着能够为众多餐桌带来愉悦时光的心情，我开始了这本书的创作。

书中的料理制作过程简单，而且使用普通食材就能够完成，划分为早餐、午餐、晚餐和周末餐几个部分，可以灵活使用。本着营养搭配均衡，完成一样料理后可以用剩余食材做成配套料理的原则研制配方。在料理的摆放上格外花了心思，希望能够营造更美好的用餐氛围。各位读者朋友也可以根据个人喜好增添更为新颖的创意，建设自己家的“家庭咖啡馆”。

在这里要向儿时为我们准备世上最温暖的一日三餐的爸爸和妈妈，与我共享美好时光的兄弟姐妹，现在同我坐在餐桌前分享每一餐温暖的亲爱的丈夫表达我的谢意。还要向与我非常有缘，协助我完成这本书的任贤淑主编以及大力提供帮助的赵贤珠编辑表示深深的谢意。

2013年1月，蓝月亮郑荣仙

多多益善的
料理基本常识

简便计量

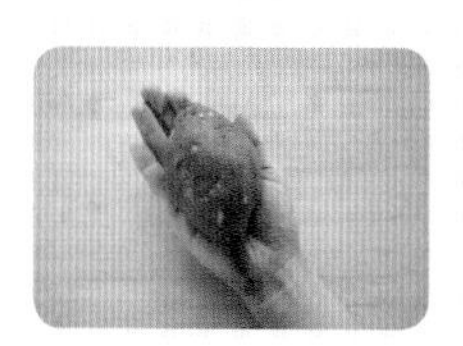

红薯（中等大小）包括外皮约150g

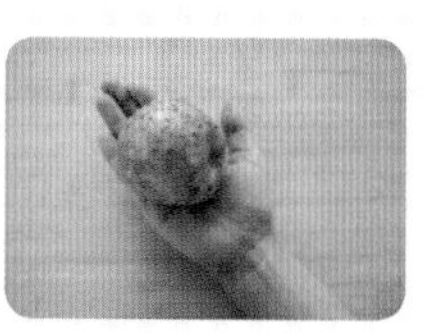

土豆（中等大小）包括外皮约150g

洋葱 1/4个，去掉外皮约50g

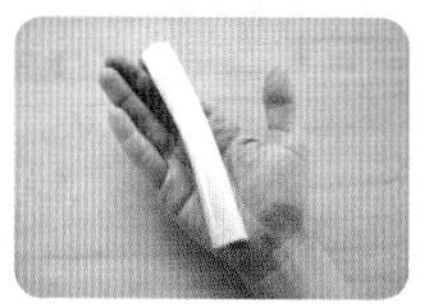

大葱1根，葱白部分约12cm

豆芽1把，约1/3包，100g，菠菜等绿色蔬菜计量方法与此相同

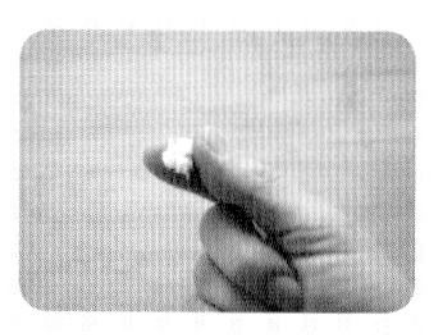

盐少许，拇指与食指捏起的量

常用原料

酱油 使用酿造酱油或朝鲜酱油。朝鲜酱油会另做标注。

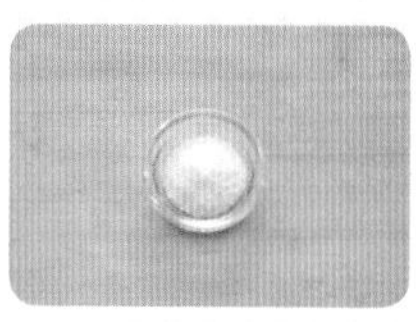

盐・白糖 使用雪花盐和白雪糖。

低聚糖（oligosaccharides）低热量，有益肠胃健康，可代替白糖使用于料理及饮料中。

蚝油 生蚝熟成后制成的蚝油，能够为料理增添海鲜的浓香。常用于翻炒的料理中。

香醋 由意大利摩德纳地区的葡萄酿成的食醋，熟成时间越久，风味越浓厚。

柠檬汁 大部分用柠檬榨汁后获取，也可以使用柠檬浓缩液。

增添鲜香口感的汤汁

海带汤

海带（5cm×5cm）1片，水 2杯

1.将海带和水放入锅中，用中火煮至水沸腾。

2.用筛子过滤后，将汤汁放入冷藏室内保存使用。

*也可以在前一晚将海带泡入凉水中，待海带泡软后过滤使用。

鳀鱼汤

煮汤用鳀鱼7~8条，海带（5cm×5cm）1片，水 3杯

1.去除鳀鱼内脏后，在无油的锅内翻炒。

2.添加海带和水，用中火煮，在水沸腾前捞出海带。

3.小火再煮10分钟后，用筛子过滤使用。

处理原料

切洋葱

1.以洋葱根蒂为中心一分为二，除根蒂外其余部分切出细而密的刀口。

2.将切出刀口后的洋葱再换方向切碎。

3.再次用刀切更碎。

切蒜

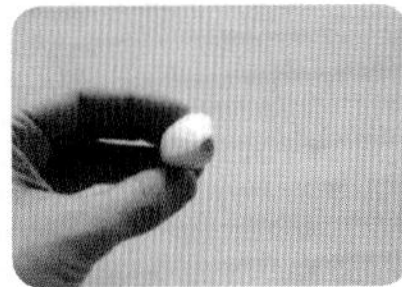

1.用刀去除根蒂部位。

2.将蒜放在案板上，用刀背按压磕碎。

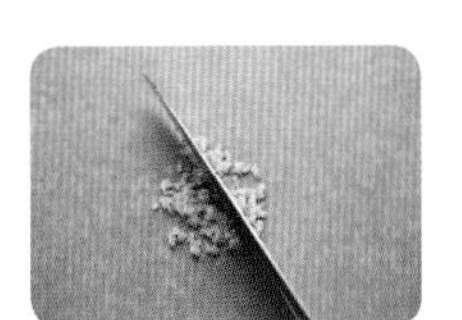

3.用刀切碎。

切大葱

1.将葱切成细长段，分离出葱心。

2.展开葱段切丝，葱心另切丝。

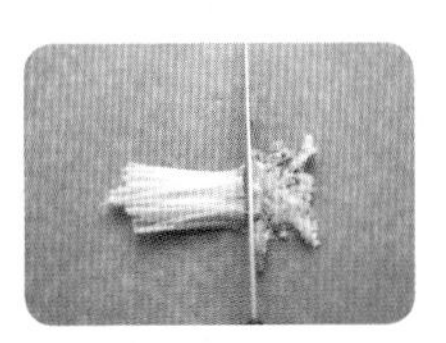

3.再将葱丝切成葱末。

处理虾

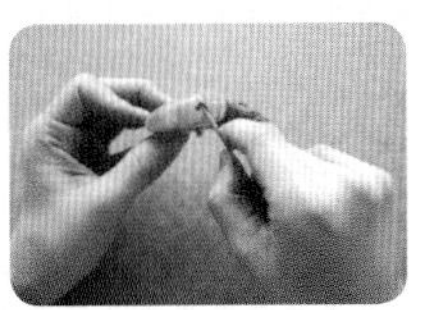

1.从虾背的第二节伸入牙签，挑去长长的内脏。

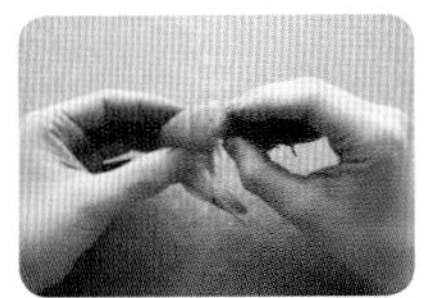

2.去除头部。

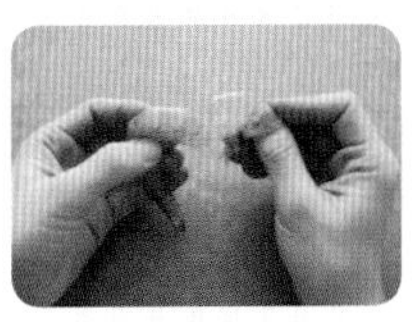

3.去除虾壳，在淡盐水中反复冲洗。

便于使用的料理用具

都说厨房中只要有刀和炒菜锅就能做出菜，但其实还需要更多工具才能更方便地做出可口饭菜。为了您能够做出难度系数更高、更美味的饭菜，这里就为您介绍这些常用工具。

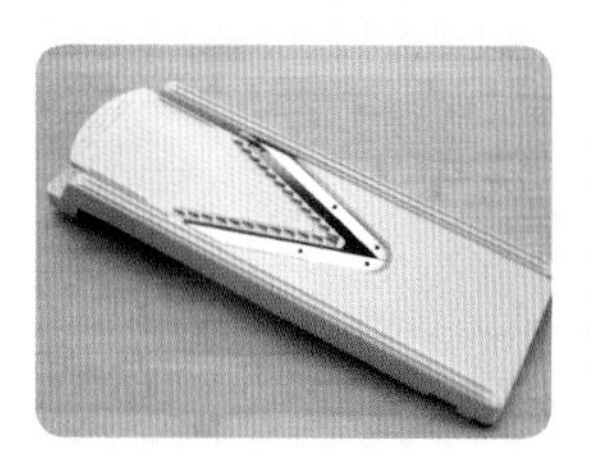

削菜板

使削过的蔬菜保持统一的厚度及大小的削菜工具。少量的蔬菜可以直接动手切，但量大时，使用削菜板更能够节省体力和时间。

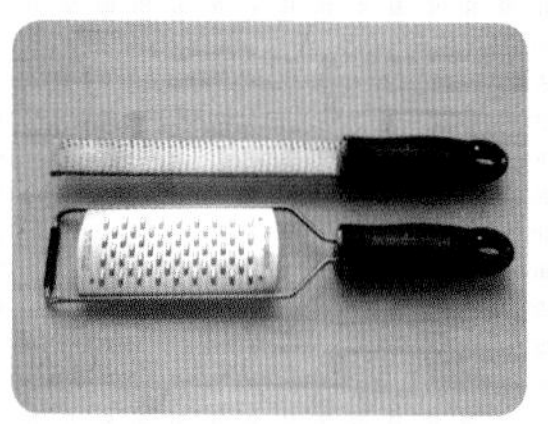

刨花刀

需要把姜、芝士、巧克力切成末，或把橙子、柠檬等连皮切丝时使用的工具。

刮勺

为了将盛放在碗中或盆中的原料及调料毫无剩余地全部盛出来而使用的工具。在做腌制食物或烘焙时也同样非常适用。

炒菜锅

我们常称它为宫廷锅，锅体较深，兼具炒锅与蒸锅的功效，制作翻炒料理时尤为方便。

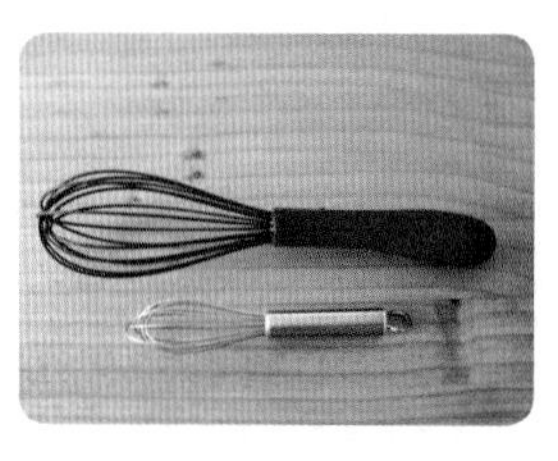

打蛋器

混合搅拌原料及面食时非常方便，因此主要用于制作蛋糕和饼。迷你打蛋器可以用来搅拌鸡蛋或在制作调味汁、酱汁时使用。

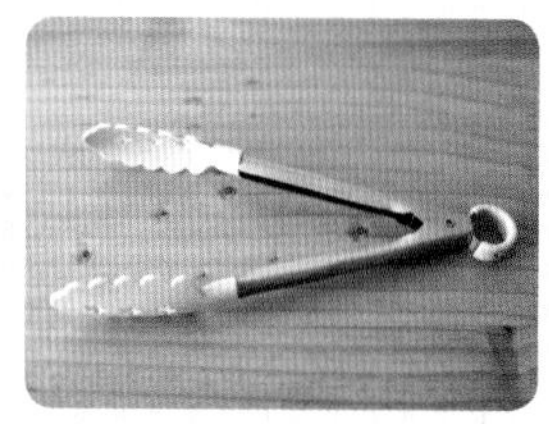

硅胶夹子

末端由耐热度较高的硅胶制成的夹子，在蒸煮或烹饪过程中的用途非常灵活。夹子部位和手握部位的材质不同，手握部位不会导热，使用方便。

胡椒研磨器・盐研磨器

随时方便拿来研磨粗盐、有机白糖或胡椒粒等的工具。特别是胡椒，市面上销售的胡椒面与自己研磨出的胡椒面味道差异较大，因此请务必购买胡椒后自己研磨胡椒面使用。

迷你搅拌器

搅拌水果或蔬菜制作果汁或蔬菜汁时使用的工具，制作调味汁、酱汁时也常常使用。

令人爱不释手的料理用具

在厨房中摆放日常所需的工具固然是好，若将旅行中收集到的可爱的料理小物件也放进厨房无疑更增添了无限乐趣。充满奇思妙想的创意物品和外观美丽的厨房用具定会令您制作料理的心情跃上一个新台阶。

樱桃-橄榄除籽器（Cherry-Olive Pitter）

去除樱桃籽或橄榄籽的工具。无须重压原料，也不会破坏原料，能够干净除籽，用处多多。

草莓去蒂器（Strawberry Huller）

用来除去草莓根蒂的工具。按压在草莓根蒂上，不仅能够去除根蒂，连同草莓内白色的果心也能一并除去。

鳄梨切割器（Avocado Slicer）

简便切割鳄梨的工具。成熟的鳄梨表面极其光滑，难以切割，使用这款工具，能够将鳄梨切割成均匀的大小。

南瓜刀（Pumpkin Knife）

这是切割成熟的南瓜或西葫芦的工具。为了切割方便，刀刃设计成了锯齿状。

巧克力刨花刀（Chocolate Grater）

刻画有动画人物姜饼人图案的可爱的巧克力刨花刀。可将巧克力刨花后制作提拉米苏或慕斯蛋糕等餐后甜点。自从收到这份圣诞礼物，它就成了我最珍惜的料理用具。

令餐桌锦上添花的餐具

北欧餐具

式样夸张华丽的北欧餐具能够起到很好的装饰效果，但盛装食物后，美丽的花纹很容易被遮挡。此外，使用过多花纹华丽的盘子会使餐桌显得眼花缭乱，因此建议使用一两个以突出亮点或作为壁挂装饰物。

韩国瓷器

盛放韩餐时，适宜使用光洁闪亮的韩国碗碟，即便是将食物满满地盛放在盘中，也显得格外利落。以前的瓷器产品沉重且不宜叠放，近来的产品不仅轻盈，而且便于收纳。

白色餐具

白色餐具如同雪白的画图纸一般，适合搭配任何菜单，活用度较高。仅仅是挑选形态不同的碗碟使用也能够演绎出别样的风情，令食物锦上添花。

全身心制作美味的料理是重中之重，选取合适的碗碟盛放则是提升食欲的第二步，最后挑选可爱的装饰品或漂亮的杯子进行完美收尾。我在摆放餐桌时惦记的是如何进行布置。同样的料理，选取不同的碗碟，将带来不同的感受。不仅是碗碟，恰当地选择和使用餐垫、餐巾、刀叉、筷子托等，也能够营造令人赏心悦目的效果哦。

桌布与餐巾

餐桌上使用的装饰品有桌布、桌旗、餐垫、餐巾等针织品。常备几款色彩和花纹不尽相同的用品，便能够灵活变换出不同风格的餐桌。

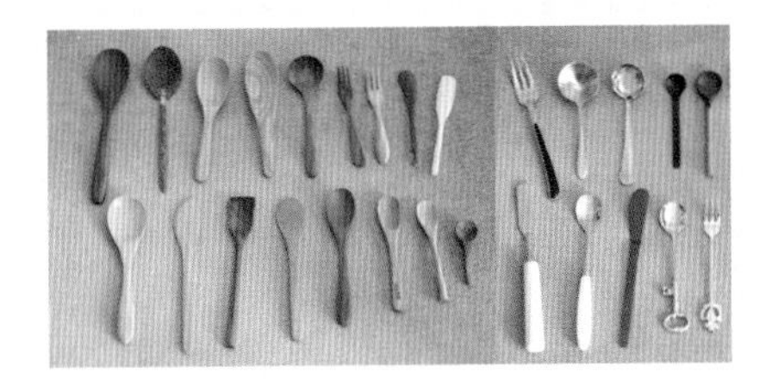

刀叉餐具

勺子、筷子、叉子、黄油刀等种类繁多的餐具数不胜数，且材质不尽相同。它们往往能够起到提升亮点和变换花样的作用哦。

筷子托

可爱的筷子托同样能够成为提升餐桌亮点的关键。相同的餐桌变换不同的筷子托同样有助于转换心情。

快乐地去赶集
——装饰店面探访

1. 韩国

济州5日集

济州5日集是济州岛最大的市场。在这里您能够购买到众多物美价廉的济州岛特产，同时也能享受闲游市场的乐趣。您可以在这里寻找到首尔少见的天惠香、汉拿峰（均为济州岛特有的柑橘品种——译者注），美味的济州土豆、胡萝卜，各种海鲜、海藻等。集市距离机场较近，前往济州岛旅游时不要忘记去逛逛哦。

统营中央市场、西好市场

临近大海的统营被誉为韩国水产业宝库，拥有诸多优质的水产品。我去旅行之前就已经打印好购物单，计划购进新鲜的竹筒鳀鱼等海产品。当您在市场闲庭信步的同时，不要忘记品尝一下红豆蜂蜜糕和用香浓的肉汁煮出的热腾腾的干菜汤哦。

利川陶艺村

您可以在利川陶艺村中找到琳琅满目的韩国陶瓷器。每年这里都要举行利川陶瓷器庆典，非庆典期间，您一样可以来这里探访并找寻美丽的陶瓷，同时不要忘了尝尝这里美味的大米饭哦。

2.日本东京

合羽桥市场

无论在东京的旅程时间多短暂，我都一定会去合羽桥市场。那里不仅有种类繁多的家具、餐具，甚至连糕点烘焙用具、原料等也一应俱全，是非常著名的批发市场。

库欧卡（Cuoca）

喜欢烘焙的朋友是一定不会错过这家日本烘焙店的。从工具到原料应有尽有，外包装也让人目不暇接。有不少原料是仅能在日本购买到的，在这里特别向您推荐节令产品，如樱花馅料和腌制樱花。

银座夏野

说起筷子专营店肯定少不了银座夏野。这是一家专门经营筷子和筷子托的店面，这里的产品质量上乘，非常适合作为礼品馈赠亲友。无论是用料还是设计，均彰显其高贵品质，唯一的缺点就是价格不菲，不过这也正说明这里的商品是极具收藏价值的。

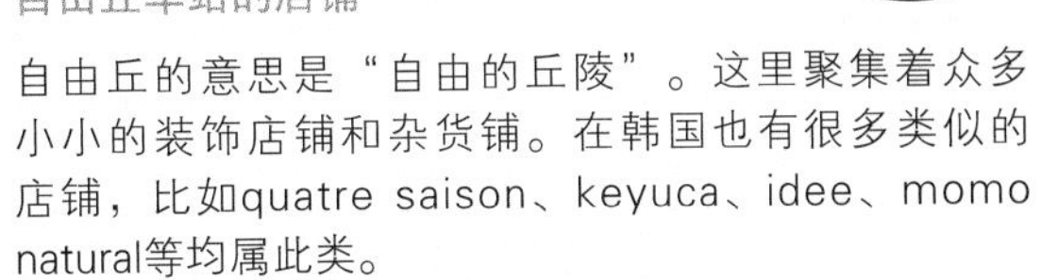

自由丘车站的店铺

自由丘的意思是“自由的丘陵”。这里聚集着众多小小的装饰店铺和杂货铺。在韩国也有很多类似的店铺，比如quatre saison、keyuca、idee、momo natural等均属此类。

奇拉拉馆（kilalakan）

去往自由丘车站时首先会进入的店铺，店里有很多风格独特、外观美丽的日本餐具。自从日本天皇家族在这里购买了一套小鸡图案的碗具后，店铺人气更是大增。在这里，您能够看到纯手工制作的独具日本色彩风格的温馨的餐具。

3. 美国

西雅图Pike Place Market

西雅图的天气常常是潮湿阴暗的，如果运气好的话，兴许能在旅行期间碰上明朗的阳光和凉爽的微风天气。Pike Place Market是以销售海产品为主的传统市场。最重要的是能够在这里找寻到星巴克1号店哦。

Crate&Barrel

Crate&Barrel是代表美国的生活用品品牌，最初由一对美国夫妇进口欧洲的餐桌用品起家，如今在美国已经拥有多家连锁店。与普通装饰公司单纯地陈设产品相反，在这里您能发现店主在餐桌装饰摆放及装潢方面格外用心。这同时是一家传达着产品使用技巧理念的店面。产品价格合理，且具有较强的实用性。

Williams-Sonoma

1956年创办的Williams-Sonoma主要销售法国进口的料理器具等，如今成为一个销售全世界250个品牌的大企业。在这里您能够购买到美国的高档料理用具及厨房、客厅用品，部分卖场还讲授料理课程。

Sur La Table

法语Sur La Table的含义是“on the table（餐桌上）”，据说起源于1972年西雅图的Pike Place Market。卖场里从厨房用品到烘焙用品应有尽有，深受热爱料理人士的青睐。

4. 英国伦敦

Covent Garden

具有300年历史的Covent Garden发展成为以Covent Garden超市大楼为中心，路边集市聚集的模式。这里有诸多极具观赏性的景色和美食，同时也是游览胜地。我在这里看到了截至目前见过的西班牙海鲜饭锅（Paella Pan）中最大的饭锅制品。苹果集市虽然规模较小，却具有怀旧风格。

Habitat

这是英国具有代表性的装饰装潢品牌，年轻新潮的设计理念创造出了诸多时尚产品，价格却非常大众化。不仅在英国，在整个欧洲也开设了诸多卖场。

The Conran Shop

英国的装饰装潢店铺Habitat创始人Terence Conran开创的又一品牌卖场，在巴黎等大都市中均设有分店。从全世界各地搜罗厨房用品、设计书籍等，在这家店铺中您能够找寻到高品质的生活用品，不愧是一家精选店。

5. 法国巴黎

圣・图安跳蚤市场Marche aux puces de Saint-Ouen

位于巴黎北部的Marche aux puces de Saint-Ouen是世界上规模最大的跳蚤市场。家具、古艺术品、餐具等应有尽有。在圣・图安还有Vernaison、Biron、Dauphin、Malassis等市场，特别是Vernaison中看点最多。为了在跳蚤市场中找寻到好的物件，一定要尽早赶到，另一个秘诀就是砍价！

Comptoir de Famille

法国家居生活品牌Comptoir de Famille的意思是“家人的饭桌”。整体装修风格以红色为主，其怀旧风格给人留下深刻的印象。

Pavondal's Petit Home Cafe

Breakfast

健康早餐唤醒沉睡的身心

伴着闹钟的响声，揉揉惺忪的睡眼，清晨就这样到来了。是再睡会儿呢，还是起身吃早餐呢？这个问题往往使您纠结吧？每当此时，还是伸个大大的懒腰，用充满能量的早餐来开启清爽的一天吧！

Set
01

土豆饼
蓝莓奶昔

瑞士料理薯饼由土豆、洋葱、芝士混合烘烤制成。为了便于早餐食用，这里将其改良为煎饼的形式。特别是吃面食后消化不好的朋友，选择这道菜再合适不过了。这里搭配的能量饮料蓝莓奶昔，只需一杯，让你一天精神倍儿爽！

土豆饼

原料

土豆……2个
胡萝卜……1/4根
洋葱……1/4个
切达（cheddar）芝士……20g
太白粉……1大勺
盐……1/3小勺
胡椒……少许
食用油……1/2大勺
黄油……1/2大勺

1. 将土豆、胡萝卜、洋葱洗净去皮后切丝。

2. 将切达芝士用削菜板削成丝或切丝。

3. 碗中添加切丝的土豆、胡萝卜、洋葱、切达芝士，再添加太白粉、盐、胡椒，均匀搅拌。

4. 热锅中倒入食用油，并熔化黄油，添加步骤3的食材，当正反面均煎烤成金黄色即完成。

蓝莓奶昔

原料

蓝莓……1杯
香蕉（小）……1/2根
牛奶……1/2杯
柠檬汁……1大勺
低聚糖……1大勺

小贴士

也可使用冷冻蓝莓。如果香蕉使用过多，时间久会发生褐变现象，请多加注意。

1. 将蓝莓洗净，香蕉去皮。

2. 将所有原料放进搅拌器，搅拌后即完成。

牛肉迷你饭团
芝麻菜圣女果沙拉

圆滚滚的迷你饭团一口一个刚刚好。这是一道让人经不住诱惑的美食。芝麻菜虽然不是常见的蔬菜，略带苦涩的味道却格外令人上瘾。如果买不到芝麻菜，也可使用嫩菠菜叶代替。

牛肉迷你饭团

原料

牛肉粒……70g
清酒……1小勺
酱油……1/2小勺
盐……少许
胡椒……少许
食用油……少许
米饭……2碗
鱼粉拌紫菜……2大勺
香油……1/2大勺
紫菜（紫菜包饭用）……1张

小贴士

鱼粉拌紫菜是用紫菜、干虾米、芝麻、海带、鱼粉等做成的粉末状调味料，通常撒在米饭上食用。如果没有鱼粉拌紫菜，可以将紫菜烘烤后揉搓成末，添加芝麻、盐调味。

1. 在牛肉粒中倒入清酒、酱油、盐、胡椒，均匀搅拌。

2. 热锅中倒入食用油，翻炒步骤1的牛肉。

3. 盆中添加米饭、翻炒后的牛肉粒、鱼粉拌紫菜、香油，均匀搅拌后捏成适当大小。

4. 将紫菜剪切成5cm×1cm大小，包裹起饭团即可。

芝麻菜圣女果沙拉

原料

芝麻菜……1把
圣女果……7~8个
橄榄油……2大勺
醋……1大勺
白糖……1小勺
盐……少许
帕玛森芝士粉……2大勺

1. 去除芝麻菜根蒂，用水冲洗干净。

2. 将圣女果冲洗干净并切半。

3. 将橄榄油、醋、白糖、盐均匀混合，再与芝麻菜、圣女果均匀凉拌，撒上帕玛森芝士粉即可。

小贴士

也可用沙拉用蔬菜或嫩菜叶代替芝麻菜。

如果喜欢酸味，可将1大勺醋替换为1/2大勺醋和1/2大勺柠檬汁。

将块状帕玛森芝士磨成粉末使用，比直接使用市售的帕玛森芝士粉的风味更醇厚。

KITCHEN

Set
03

桂皮吐司
枫糖红薯粥

在常吃的吐司中添加桂皮粉即可制作出桂皮吐司。在红薯粥中添加枫糖，则增添了隐隐的香甜。用甜美的味道与香气开启愉悦的一整天吧。

桂皮吐司

原料

鸡蛋……1个
牛奶……120mL
白糖（a）……1大勺
桂皮粉（a）…1/2小勺
黑麦吐司……2片
黄油……1大勺
白糖（b）……1大勺
桂皮粉（b）……1小勺

小贴士

使用较厚的法式吐司，这样烘烤后才能达到外焦里嫩的效果。

1. 在盆中添加鸡蛋，搅拌均匀后添加牛奶、白糖（a）、桂皮粉（a），均匀搅拌。

2. 将吐司切割成三角形，浸泡在步骤1的混合液中，正反面充分吸收，静置约2分钟。

3. 热锅中熔化黄油，放入步骤2的吐司，正反面均煎成金黄色即可。

4. 将白糖（b）、桂皮粉（b）均匀搅拌后，均匀撒在煎好的吐司上即可。

枫糖红薯粥

原料

红薯……3个(约450g)
洋葱……1/4个
黄油……1大勺
鸡汤……300mL
枫糖浆……2大勺
鲜奶油……100mL
盐……1/4小勺
胡椒……少许

小贴士

如果不希望粥中含有红薯及洋葱颗粒，可以将煮过的红薯和鸡汤倒入搅拌器搅拌后再煮一次。

鸡汤的制作请参考134页。

1. 将煮过的红薯去皮后压碎，洋葱切碎。

2. 热锅中熔化黄油，将洋葱翻炒成金黄色后添加碎红薯、鸡汤一起煮。

3. 汤汁变稠后，用小火再煮片刻，添加枫糖浆搅匀。

4. 添加鲜奶油，小火煮熟后再加入盐、胡椒调味即可。

Set 04

汤圆年糕裙带菜汤
酱腌黄瓜

奶奶无论多晚起床，都不会忘记早餐的重要性，一定吃完早餐后才出门。托奶奶的福，我也养成了重视早餐的习惯，不吃早餐时，会觉得身体轻飘飘的。前一天晚上煮好的汤圆年糕汤，第二天同样好喝，搭配酱腌黄瓜食用更是可口。就这样用温暖的早餐来开始全新的一天吧！

汤圆年糕裙带菜汤

1. 干裙带菜泡在足量的水中，泡开后控干水，切成适宜食用的大小。

2. 用水冲洗干净汤圆年糕。

3. 热锅中倒入香油，将蒜末、牛腩翻炒片刻后添加裙带菜，继续翻炒。

4. 倒入水，煮10分钟以上，添加汤圆年糕，煮片刻后倒入朝鲜酱油、盐调味即完成。

酱腌黄瓜

原料

盐腌黄瓜……2根

酱料

葱花……2大勺
辣椒粉……1大勺
白糖……1/2大勺
香油……1/2大勺
蒜末……1小勺
芝麻……少许

小贴士

如果不泡水去除一些盐腌黄瓜的咸味，则添加酱料后会过咸。因此完成步骤1后，先品尝一下盐腌黄瓜的味道，如果还是比较咸，就换水再泡一下。

1. 盐腌黄瓜切成0.3cm厚的薄片，浸泡在凉水中30分钟，去除一些咸味。

2. 用手抓紧黄瓜片，尽可能控干水。

3. 盆中添加所有酱料，均匀搅拌。

4. 将步骤2的黄瓜添加在盆中，均匀搅拌即可完成。

Set

05

煎蛋卷
野草莓果汁

煎蛋卷是我们家餐桌上的常客。用它来处理冰箱中残余的零星食材，最合适不过了。您不妨利用青椒、胡萝卜、洋葱等剩余食材，摊个松松软软的煎蛋卷。制作野草莓果汁时，如果购买不到野草莓，也可使用普通草莓或冷冻草莓代替。

煎蛋卷

原料

胡萝卜……1/4根
洋葱……1/4个
红灯笼辣椒……1/4个
蘑菇……2个
鸡蛋……3个
牛奶……1大勺
盐……1/4小勺
食用油……1/2大勺
黄油……1/2大勺
盐……少许

小贴士

制作鸡蛋卷时使用的蘑菇建议使用双孢菇或平菇。

1. 将胡萝卜、洋葱、红灯笼辣椒、蘑菇切丁。

2. 盆中倒入鸡蛋、牛奶、盐，均匀搅拌至没有结块。

3. 热锅中倒入食用油并熔化黄油，倒入所有蔬菜翻炒片刻，添加盐调味。

4. 倒入步骤2的蛋奶液，均匀搅拌，再煎熟即可。

野草莓果汁

原料

野草莓……1/2杯
柠檬汁……1大勺
雪碧……1杯

1. 将野草莓清洗干净。

2. 往杯中倒入一多半野草莓、柠檬汁，用叉子捣碎野草莓，压出汁。

3. 倒入雪碧后，加入剩余的野草莓即可。

Set
06

烤蔬菜三明治
奶茶

我个人比较喜欢将蔬菜烤着吃，因为这样能够充分感受原料固有的美味。将烤好的蔬菜夹入面包中制成三明治，再搭配一杯奶茶是不是很开胃呢？制作奶茶时使用的红茶，推荐您使用Twinings（川宁茶，英国一种红茶品牌）的Earl Gray（伯爵红茶）或Mariage Freres（婚礼兄弟，法国一款名茶）的Wedding Imperial（皇家婚礼茶）。

烤蔬菜三明治

原料

夏巴塔面包……2个
蛋黄酱……3大勺
芥末酱（mustard）……1大勺
蜂蜜……1小勺
西葫芦……1/4个
杏鲍菇……2个
食用油……少许
西红柿……1个
圆生菜……2片

1. 将夏巴塔面包纵向切开，将蛋黄酱、芥末酱、蜂蜜混合搅拌后涂抹在内侧。

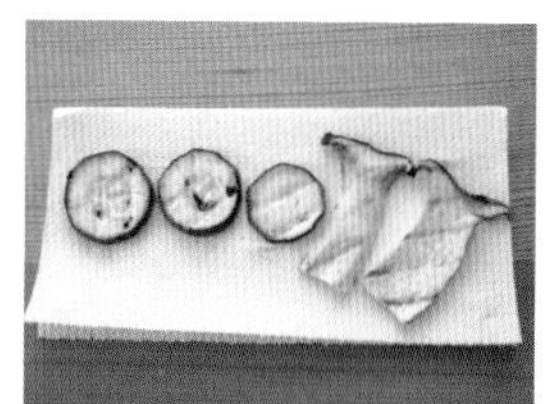

2. 将西葫芦、杏鲍菇依照原来的形态切片，热锅中倒入食用油，炒至金黄色即可。

3. 西红柿切成圆片，圆生菜洗净后控干水。

4. 在步骤1的一片面包上依次放上圆生菜、西红柿、西葫芦、杏鲍菇后，覆盖另一片面包即可。

奶茶

原料

水……2/3杯
红茶叶……6g(2大勺)
牛奶……1+1/2杯
白糖……1大勺

小贴士

无论使用何种红茶均无妨，不过香气浓重的红茶效果更佳。使用阿萨姆（Assam）则能确保万无一失，制作出美味奶茶。

1. 在小锅中倒入水煮沸。

2. 水沸腾后关火，添加红茶叶，静置浸泡3~4分钟。

3. 添加牛奶，用小火煮至小锅边缘出现泡沫即可。

4. 煮热后关火，用筛子过滤后加入白糖搅拌即可。

Set 07

嫩叶嫩豆腐沙拉
红薯豆腐果昔

红薯是我们家最受欢迎的食材之一。无论蒸着吃还是烤着吃，抑或打碎食用均是上乘选择。在可口的红薯中添加少许豆腐，用搅拌器加工后便可制成有益健康的果昔。制果昔剩余的豆腐，配以酱汁制成沙拉，也是一道值得尝试的美味佳肴哦。

嫩叶嫩豆腐沙拉

原料

生食用嫩豆腐……1块
嫩叶蔬菜……1把
核桃……4~5颗

酱汁

酱油……2大勺
醋……1大勺
白糖……1大勺
芝麻盐……1小勺
香油……1小勺

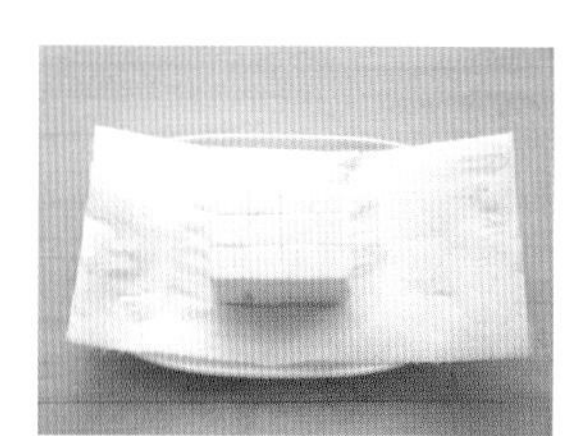

1. 去除生食用嫩豆腐的水分，切成适宜食用的大小。

2. 持续均匀搅拌酱汁，直至白糖充分溶解。

3. 将嫩叶蔬菜冲洗干净，控干水。剥出核桃仁。

4. 将蔬菜、豆腐、核桃仁摆放在盘中，搭配以酱汁即可。

红薯豆腐果昔

原料

红薯……1/2个(50g)
生食用豆腐……1/3杯
豆浆……120mL
蜂蜜……1/2大勺

1. 红薯煮熟后去皮并彻底冷却。

2. 控一下生食用豆腐的水分后切成小块。

3. 将红薯、豆腐、豆浆、蜂蜜倒入搅拌器，充分搅拌即可。

Set
08

蟹肉牛角面包三明治
猕猴桃绿色沙拉

单独将牛角面包切半后烤着吃已经非常好吃，制成三明治更是锦上添花。馅料选用蟹肉等柔软的食材，与牛角面包可谓绝配。配以猕猴桃绿色沙拉，则弥补了牛角面包中略显不足的无机质和维生素。

蟹肉牛角面包三明治

原料

蟹肉（或蟹棒）……180g
圆生菜……2片
蛋黄酱……3大勺
纯酸奶……2大勺
蜂蜜……1/2大勺
柠檬汁……1小勺
酸黄瓜粒……1大勺
牛角面包……2个
黄油……1大勺

1. 将蟹肉撕成细丝，圆生菜洗净后控干水。

2. 将蛋黄酱、纯酸奶、蜂蜜、柠檬汁、酸黄瓜粒充分混合搅拌。

3. 在步骤2的食材中添加蟹肉，均匀搅拌制成馅料。

4. 牛角面包纵向切半，在内侧涂抹薄薄一层黄油后在锅中烤至金黄色。取一片烤好的面包放上圆生菜后再添加馅料，盖上另一片面包即可。

猕猴桃绿色沙拉

原料

猕猴桃……2个
沙拉用蔬菜……2把
柠檬汁……1大勺
橄榄油……1大勺
低聚糖……1/2大勺
盐……少许

1. 将1个猕猴桃去皮后8等分。

2. 洗净沙拉用蔬菜后控干水。

3. 在搅拌器中添加另一个去皮的猕猴桃及柠檬汁、橄榄油、低聚糖、盐，搅拌细腻后淋在蔬菜及步骤1的猕猴桃上即可。

橙子鸡胸脯肉沙拉
香蕉牛奶

买来的一把香蕉吃不完时，该如何处理成了难题，这时不妨将香蕉去皮后装进保鲜袋中，放入冷冻室保存，再取出时口感接近凉爽的冰激凌。当然用香蕉来制作奶昔也是绝佳的选择。搭配蛋白质含量丰富的鸡胸脯肉沙拉一同享用吧！

橙子鸡胸脯肉沙拉

原料

鸡胸脯肉……100g
沙拉用蔬菜……2把
橙子……1个

酱料

纯酸奶……1个
橙汁……1大勺
枫糖浆……1大勺
柠檬汁……1小勺
盐……少许

小贴士

鸡胸脯肉不仅可以放在蒸锅中蒸熟，也可放在热水中煮熟。

1. 将鸡胸脯肉放入冒热气的蒸锅中，蒸7~8分钟后取出，撕成细丝。

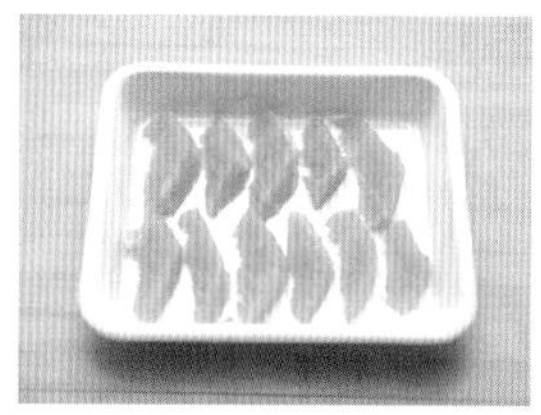

2. 将沙拉用蔬菜洗净后控干水，橙子去皮后将3/4的果肉一瓣瓣剥去白膜。

3. 剩余的1/4橙子果肉榨出1大勺橙汁，加入其他酱料原料充分混合搅拌。

4. 在盘中摆放橙子瓣、蔬菜、鸡肉，搭配酱汁即可。

香蕉牛奶

原料

香蕉……1/2个
核桃……4~5颗
豆浆……1杯
蜂蜜……1大勺

小贴士

核桃仁可直接使用，但烘烤后香味更加醇厚。

1. 香蕉去皮。剥出核桃仁后在干锅中将其烘烤至金黄色。

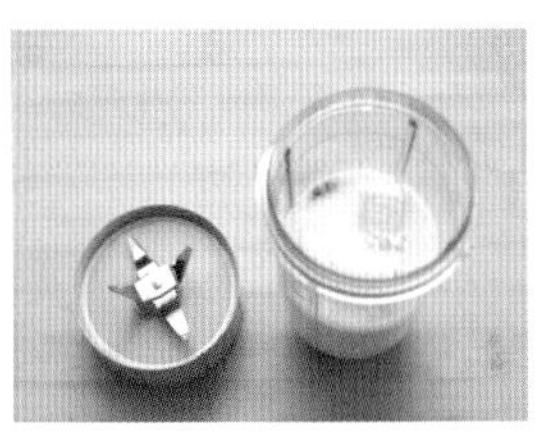

2. 在搅拌器内放入所有原料，搅拌均匀即可。

Set
10

韭菜酱料鸡蛋饭
腌萝卜块

小时候，一个煎鸡蛋蘸酱油便可以搭配米饭，那股香喷喷的味道直到现在仍记忆犹新。这里再附加一份韭菜酱料，美味升级，营养升级！若您家中备有腌萝卜块，搭配食用，则更加爽辣可口。

韭菜酱料鸡蛋饭

原料

韭菜……3~4根
食用油……少许
鸡蛋……2个
米饭……2碗

酱料

酱油……2大勺
醋……1大勺
香油……1大勺
白糖……1小勺
辣椒粉……1/2小勺
芝麻……少许

小贴士

野蒜成熟的季节，也可以用其代替韭菜，味道同样鲜美。

1. 洗净韭菜，控干水，切成1cm长的韭菜段。

2. 盆中倒入酱料原料，均匀搅拌。

3. 在酱料中添加韭菜，略微混合搅拌。

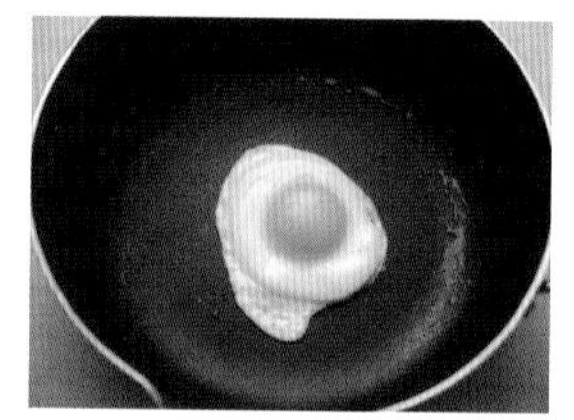

4. 热锅中倒入食用油，制作煎鸡蛋。在米饭上添加韭菜及煎鸡蛋即可。

腌萝卜块

原料

甜萝卜块……200g
辣椒粉……1小勺
白糖……1大勺
香油……1大勺
葱花……2大勺
芝麻……少许

1. 甜萝卜块切成半圆形。

2. 在甜萝卜块中添加辣椒粉、白糖、香油，混合搅拌。

3. 撒上葱花和芝麻即可。

Set 11

鱿鱼酱三角紫菜包饭
腌韭菜

韭菜能够使身体变暖，促进血液循环，还可以预防癌症，由于其功效甚多，因此适合经常食用。这里用腌韭菜搭配厚实的添加了鱿鱼酱的三角紫菜包饭，即使是身体感到沉甸甸的清晨，也能够胃口大开。

鱿鱼酱三角紫菜包饭

原料

鱿鱼酱……3大勺
米饭……2碗
盐……1/4小勺
香油……1小勺
紫菜（紫菜包饭用）……1张

鱿鱼酱调料

葱花……1大勺
香油……1小勺
芝麻盐……1小勺

照烧酱料

浓汁酱油……1大勺
清酒……1大勺
料酒……1大勺
白糖……1小勺

1. 在鱿鱼酱中添加鱿鱼酱调料，均匀混合搅拌。

2. 米饭蒸到不软不硬，在没有冷却时拌入盐和香油，混合搅拌至米饭冷却。

3. 手中放入一团米饭，添加1/2大勺鱿鱼酱，捏成三角形饭团。

4. 将照烧酱料原料均匀搅拌后涂抹在饭团表层，放入干锅，煎至金黄色，再用剪成适当大小的紫菜包覆即可。

腌韭菜

原料

韭菜……2把

酱料

鳀鱼酱汁……1+1/2大勺
葱花……1大勺
香油……1大勺
辣椒粉……1小勺
蒜末……1小勺

1. 洗净韭菜后切成5cm长的韭菜段。

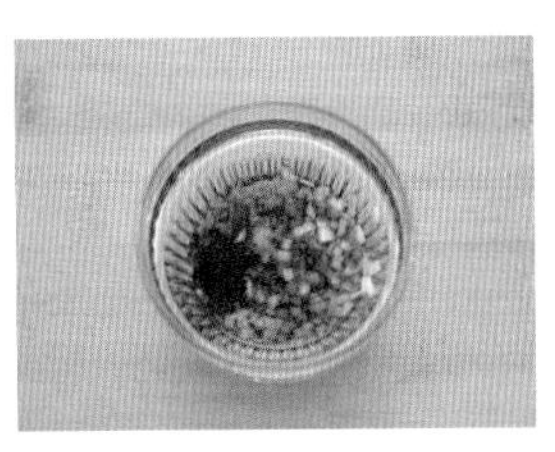

2. 将酱料原料均匀混合搅拌。

3. 在酱料中添加韭菜，略微搅拌即可。

Set
12

水果三明治
猕猴桃果昔

各色水果制成的五彩缤纷的美丽三明治深受孩子们的喜爱。草莓、哈密瓜、香蕉，还有各种时令水果均适合添加。搭配一杯猕猴桃果昔，开启全新的甜蜜清晨。

水果三明治

原料

香蕉……1根
猕猴桃……1个
西瓜……1块
鲜奶油……2/3杯
白糖……1大勺
面包……2片

小贴士

为了防止刀刃打滑，建议在包裹着保鲜膜的状态下切三明治，这样更易切出完整的形状。

1. 将香蕉、猕猴桃、西瓜去皮，切成厚5mm、直径或长度为1.5cm的小块。

2. 在鲜奶油中添加白糖，用打蛋器搅拌至浓稠（即打发的状态）。

3. 在其中一片面包片的一面涂抹打发的奶油，均匀摆放上水果。

4. 覆盖另一片面包，用保鲜膜包裹后放进冷藏室15分钟，使夹心层略微凝固即可。

猕猴桃果昔

原料

猕猴桃……2个
纯酸奶……3大勺
牛奶……1/3杯
低聚糖……1大勺
柠檬汁……1大勺

小贴士

也可使用枫糖浆或蜂蜜代替低聚糖。

绿色猕猴桃和黄色猕猴桃可任选其一。建议选择适当成熟、摸起来不会过硬的猕猴桃，这样酸味不重，甜味浓厚。

1. 猕猴桃去皮后切成薄片。

2. 将所有原料添加入搅拌器，充分搅拌即可。

Set 13

鸡胸脯肉蔬菜粥
酱腌尖椒鹌鹑蛋

早餐菜单中再没有比粥更令人身心清爽的食物了。尽管如此，清早起来熬粥却需要花费不少时间，因此前一晚熬好，第二天早上食用更方便。早晨热一碗鸡肉粥，搭配一碟小菜，既简单又实在。

鸡胸脯肉蔬菜粥

原料

水……4杯
海带……2张(5cm×5cm)
蒜……2瓣
大葱……1/4根
胡椒粒……3颗
鸡胸脯肉……200g
西葫芦……1/4个
胡萝卜……1/4根
洋葱……1/6个
香油……1大勺
米饭……1碗
盐……1/2小勺

1. 锅中倒入水，添加海带、蒜、大葱、胡椒粒煮，开始沸腾时捞出海带，继续煮汤。

2. 添加鸡胸脯肉后再煮约8分钟，用筛子捞出鸡肉，撕成细丝。

3. 西葫芦、胡萝卜、洋葱切丁。

4. 热锅中倒入香油，翻炒蔬菜片刻后倒入步骤2的汤汁煮，再加入米饭，添加盐调味，最后加入鸡胸脯肉即可。

酱腌尖椒鹌鹑蛋

原料

熟鹌鹑蛋……30个
尖椒……2把（约80g）
水……1杯
海带 1张（5cm×5cm）
酱油……4大勺
料酒……1大勺
白糖……1大勺
糖稀……1/2大勺

小贴士

酱腌鹌鹑蛋时，如果从一开始就用大火，容易造成表面斑痕累累。另外，如果一开始就放入尖椒容易变软，影响口感，稍后添加为宜。

煮鹌鹑蛋参考第230页小贴士中煮熟鸡蛋的方法。

1. 将熟鹌鹑蛋全部剥掉外壳。

2. 洗净尖椒，去除根蒂。

3. 用1杯水浸泡海带，30分钟后捞出。海带水中添加酱油、料酒、白糖、糖稀，开火煮。

4. 开始沸腾时加入鹌鹑蛋，酱汁煮至剩一半时添加尖椒，再煮2分钟即可。

Set
14

鸡蛋吐司
草莓果酱

阳光明媚的清晨，苦恼于想不出特别的菜单时，不妨来尝试制作心形鸡蛋吐司吧。只需要一点小小的创意就能营造出愉悦的餐桌气氛。散发着香甜气息、闪烁着红宝石光泽的草莓果酱，会为您创造更为清新愉悦的早晨。

鸡蛋吐司

原料

黑麦面包……2片
鸡蛋……2个
黄油……1大勺
盐……少许

1. 在面包片中心部位用模具压出心形图案。

2. 将鸡蛋打入小碗中。

3. 热锅中熔化黄油后放入面包片，将小碗中的鸡蛋慢慢倒入中间图案处，撒上盐调味即可。

小贴士

鸡蛋若不通过小碗倒入，直接打在面包片上的话容易溢出。

可将1大勺橄榄油、1大勺香醋、1小勺蜂蜜混合搅拌，制成调味汁拌沙拉，搭配鸡蛋吐司食用。

草莓果酱

1. 洗干净草莓，去除根蒂后纵向4等分。

2. 在锅中倒入草莓、白糖，加热略微煮片刻出现汁液后，加入柠檬汁，再调至小火熬15分钟。

3. 当达到一定浓度后关火，待完全冷却后即可。

原料

草莓……300g
白糖……60g
柠檬汁……1大勺

小贴士

可将果酱涂抹在面包或饼干上，或添加进纯酸奶中食用。也可以盛装进漂亮的瓶子里作为礼物馈赠亲朋好友。

果酱煮的时间过久会变硬，因此略微变稠时即可关火。

附赠食谱

Plus Recipe 01

红豆粥

原料

红豆……2杯
水……适量
糯米粉……1杯
蜂蜜……1/2杯
盐……少许

小贴士

将红豆煮软，直至用勺子能够将其压碎。

将红豆粥分成若干份足够一次食用的分量，放进冷冻室保存，吃之前取出，用微波炉或在火上加热。

1. 红豆洗干净倒入锅中煮，水开后将水倒掉。
2. 重新加入10杯水，煮40~50分钟，直至红豆彻底熟透。
3. 将红豆用筛子过滤，红豆水另保存，将红豆去除外皮后再倒入红豆水中。
4. 将步骤3的材料倒入锅中煮片刻，将糯米粉和1杯水混合后倒入锅中，边煮边均匀搅拌。煮开后即可关火。
5. 添加蜂蜜，根据个人喜好，可适当添加盐调味。

Plus Recipe 02

南瓜粥

原料

南瓜……1个（400g）
水……4+1/2杯
糯米粉……1/2杯
白糖……2大勺
盐……少许

小贴士

如果有熟栗子或红豆，可撒在粥上装饰。

1. 去除南瓜皮和籽，切成块状。
2. 在锅中倒入4杯水，放入南瓜后，煮至熟透。
3. 将煮熟的南瓜倒入搅拌器，搅拌成糊状。
4. 将南瓜糊重新倒入锅中，再将糯米粉和1/2杯水均匀混合后，缓缓倒入锅中一起煮。
5. 煮至变稠，添加白糖、盐调味即可。

Plus Recipe 03

炒鸡蛋

原料

鸡蛋……3个
牛奶……2大勺
白糖……1小勺
盐……少许
胡椒……少许
黄油……1大勺

1. 将鸡蛋充分打散，倒入牛奶均匀混合。
2. 在步骤1中添加白糖、盐、胡椒，均匀搅拌。
3. 热锅中熔化黄油，倒入蛋奶液。
4. 用勺子或筷子从最先熟透的边缘部位向中间聚拢翻炒，待熟透即可。

Plus Recipe 04

鸡蛋三明治

原料

圆生菜……2片
黑麦面包……4片
食用油……少许
鸡蛋……2个
蛋黄酱……3大勺
芥末酱……1大勺
芝士……2片

1. 将圆生菜洗净后控干水。
2. 在干锅中将黑麦面包烤至金黄色。
3. 热锅中倒入食用油，制作煎鸡蛋。
4. 将蛋黄酱和芥末酱混合后涂抹在一片面包片的一面，依次放上圆生菜、芝士、鸡蛋，覆盖另一片面包即可。

Dorandal's Petit Home Café

Lunch

充实的午餐
令全天快乐百分百

早餐与晚餐之间，为心灵刻下逗号的午餐时间，如果因为繁忙而简单填充肚子，则会更容易筋疲力尽。就让我们用美味和营养兼备的菜肴来凝聚活力，为下午打气吧！

Set 01

午餐肉饭团
露葵汤

逢年过节时，偶尔会收到午餐肉礼盒。我们一家人对于午餐肉罐头的喜好程度不高，却对午餐肉饭团赞不绝口。据说夏威夷禁止渔业后，人们无法再制作海鲜饭团，于是从日本人用午餐肉制作寿司中获取灵感，制作出了现在我们常见的午餐肉饭团。

午餐肉饭团

原料

热米饭……2碗
盐……1/4小勺
香油……1小勺
午餐肉……1/2盒（约100g）
鸡蛋……3个
朝鲜酱油……1/2小勺
白糖……2/3大勺
食用油……1大勺
芝麻叶……4片
紫菜（紫菜包饭用）……2张

1. 在热米饭中添加盐、香油，均匀搅拌后冷却。

2. 将午餐肉切成0.7cm厚的小块，在热锅中烤至金黄色。

3. 在搅拌好的鸡蛋液中添加朝鲜酱油、白糖，混合搅拌。

4. 热锅中倒入食用油，缓缓倒入鸡蛋液，煎成鸡蛋饼后卷起。

5. 将午餐肉、鸡蛋卷、芝麻叶各自切成同等大小，米饭装盒，在米饭上依次摆放午餐肉、芝麻叶、鸡蛋卷，再覆盖一层米饭即可。

6. 根据原料大小将紫菜切成长条状，卷起步骤5的食材，切成1cm厚即可。

露葵汤

原料

露葵……1/2捆
土豆……1个
淘米水……6杯
大酱……2大勺
干虾……1把
蒜末……1/2大勺

小贴士

味道不足时可添加盐调味。如果在最后添加酱油，会使口感变得苦涩。

1. 将露葵茎干上坚硬的部分去除，反复在水中冲洗，去除青草味。

2. 土豆去皮后切成适宜食用的大小。

3. 在锅中倒入淘米水、大酱，煮片刻后添加干虾，再煮10分钟。

4. 添加土豆，煮片刻后添加清洗干净的露葵、蒜末，待煮至沸腾即可。

Set
02

油豆腐寿司
蛤仔日式大酱汤

没有胃口时，不想制作烦琐的午餐时，油豆腐寿司不失为一个绝佳的选择。我没有用市面销售的已经带有酱料的油豆腐，而是用的自己动手做的油豆腐。这样味道更鲜美，也更有利于健康。如果家中有剩余的蔬菜，就拿来和米饭一同翻炒，填充进油豆腐吧。

Fried Tofu Sushi

油豆腐寿司

原料

油豆腐……10块
海带水……1杯
酱油……2大勺
料酒……1大勺
白糖……1大勺
热米饭……2碗

调味醋

醋……2大勺
白糖……1大勺
盐……1/2小勺

1. 将油豆腐的一条边切掉后放入滚水中焯一下。

2. 将焯过的油豆腐用筛子控干水，再用手轻微按压挤出水分。

3. 在锅中倒入海带水、酱油、料酒、白糖，煮沸后放入油豆腐熬制。

4. 油豆腐开始上色并充分入味后，重新用筛子控干水，再用手轻微按压挤出水分。

5. 将调味醋原料充分混合后倒入热米饭中，轻微搅拌。

6. 轻轻打开熬制过的油豆腐的切口，在中间填充步骤5的食材，按压封口即可。

蛤仔日式大酱汤

原料

海带水……1+1/2杯
蛤仔……1袋（200g）
味噌大酱……1大勺
麻栎……1把

小贴士

如果购入的蛤仔没有吐出泥巴，则可将其浸泡在与海水浓度相同的盐水中（3%的浓度），用黑色塑料袋套住，在冰箱中放置一晚。

1. 在锅中添加海带水和处理后的蛤仔熬煮。

2. 当蛤仔张开壳后捞出另外存放，再用纱布过滤汤汁。

3. 在锅中倒入汤汁，添加味噌大酱，煮至大酱充分溶解。

4. 将麻栎切成适宜食用的大小，与蛤仔一同倒入步骤3的汤汁中，煮片刻即可。

Set
03

虾肉炒饭
凉拌蛤仔

在诸多的食材中如果要我选出喜爱的海鲜，那么非虾和蛤仔莫属了！我用这两种食材准备了一桌美食。制作虾肉炒饭的关键是要将香喷喷的米饭炒出粒粒鲜活的效果，这就需要将配料快速混合后翻炒的技巧。

虾肉炒饭

原料

青灯笼辣椒……1/2个
红灯笼辣椒……1/2个
洋葱……1/3个
冰冻中虾……100g
鸡蛋……2个
食用油……少许
米饭……2碗
酱油……1/2大勺
盐……1/3小勺
胡椒……少许

小贴士

炒鸡蛋的做法请参考第79页。

1. 青、红灯笼辣椒和洋葱均切成边长8mm的菜丁。将冰冻中虾放进冷藏室或淡盐水中解冻，剥出虾仁。

2. 鸡蛋打散，在鸡蛋液中添加少许盐并搅拌均匀。热锅中倒入部分食用油，倒进鸡蛋液，用筷子翻炒鸡蛋后盛出备用。

3. 热锅中倒入剩余的食用油，将灯笼辣椒和洋葱丁翻炒片刻后倒入虾仁和米饭继续翻炒。

4. 添加酱油、盐、胡椒调味后倒入炒鸡蛋，翻炒混合后即可。

凉拌蛤仔

原料

蛤仔肉……150g
黄瓜……1/2根
韭菜……2把

调味料

酱油……1大勺
醋……1大勺
白糖……1/2大勺
辣椒粉……1/2大勺
蒜末……1小勺

小贴士

蛤仔肉煮的时间过长容易变老，在热水中焯30秒捞出即可。

1. 除去蛤仔内脏，在水中反复冲洗干净后，在沸水中略微焯一下即可。

2. 黄瓜带皮切丝，韭菜切成5cm长的段。

3. 盆中倒入调味料的原料，均匀混合。

4. 在调味料中添加蛤仔肉、黄瓜、韭菜，均匀搅拌即可。

Set
04

部队火锅
凉拌菠菜豆腐

部队火锅既可以用来搭配米饭，也能够做下酒菜。可以不按照固定的配料食材，而是依据喜好制成，简单方便。在大力水手喜爱的菠菜中添加豆腐制成小菜，可充分弥补菠菜中蛋白质含量不足的问题。

部队火锅

原料

豆腐……1/2块
午餐肉……1/2盒（约100g）
火腿肠……2根
大葱……1/2根
青辣椒……1个
红辣椒……1个
洋葱……1/4个
辣白菜……1/2杯
烘豆（Baked Beans）……2大勺
牛骨汤……4杯

酱料

辣椒酱……1+1/2大杯
辣椒粉……1大勺
蒜末……1大勺
清酒……1大勺
白糖……1小勺

小贴士

如果要在部队火锅中煮拉面，那么多添加一杯水。也可以使用鸡汤或鳀鱼汤代替牛骨汤。

1. 将所有酱料原料均匀混合，熟成30分钟。

2. 将豆腐、午餐肉切成块状，火腿肠斜切成片。

3. 大葱、青辣椒、红辣椒均斜切成片，洋葱切片，辣白菜切成便于食用的大小，烘豆从罐中取出备用。

4. 锅中倒入步骤2和3的所有原料，均匀摆放，添加酱料后倒入牛骨汤，煮5分钟左右即可。

凉拌菠菜豆腐

原料

菠菜……1/2捆
香葱……1根
盐……1/2小勺
蒜末……1小勺
香油……1小勺
芝麻盐……少许
生食豆腐……1/2块

1. 去除菠菜根蒂并洗净，将香葱切成葱花。

2. 在沸水中添加少许盐，用水焯一下菠菜，30秒即可。

3. 将切好的菠菜捏干水分，添加葱花、盐、蒜末、香油、芝麻盐，均匀搅拌。

4. 添加生食豆腐搅拌后，如果味道淡，再加盐调味即可。

Set

05

蛤仔面条炒西葫芦

我们家的女士们都喜欢面食，面条是奶奶尤为喜爱的。小时候，奶奶常常在客厅摆一张硕大的桌子，我跟着奶奶学习擀面条，满脸沾着面粉的情景历历在目。西葫芦可以在煮面条时放进一些，再留一些加入虾酱一起入锅翻炒后搭配面条食用。

蛤仔面条

原料

西葫芦……1/4个
洋葱……1/4个
红辣椒……1个
面条……300g
鳀鱼汤……5杯
蛤仔……1袋（200g）
朝鲜酱油……2大勺
盐……少许

小贴士

鳀鱼汤的做法参考第11页。

1. 西葫芦切片，洋葱、红辣椒斜切成段。

2. 抖落面条上黏附的面粉。

3. 锅中倒入鳀鱼汤，煮沸后添加蛤仔，再次煮沸后捞出蛤仔另外存放。

4. 在煮沸的汤汁中添加切好的蔬菜和面条，煮片刻后添加蛤仔，再加入朝鲜酱油、盐调味即可。

炒西葫芦

原料

西葫芦……1/2个
虾酱……1/2小勺
蒜末……1小勺
白苏油或食用油……1大勺

1.将西葫芦切圆片后，再切成半月形。

2.西葫芦中添加虾酱、蒜末，搅拌后静置5分钟入味。

3.热锅中倒入白苏油或食用油，中火翻炒西葫芦约1分钟即可。

Set
06

荞麦面
飞鱼籽黄瓜寿司

炎炎夏日荞麦面格外受欢迎，只要家中常备鱼露汁，无论何时都能够制作这道料理。制作好的鱼露汁冷藏保存的期限长达一个月，使用后冷藏保存即可。飞鱼籽黄瓜寿司采用黄瓜代替海苔，口感更加清脆。

荞麦面

原料

生荞麦面……300g
矿泉水……1+1/2杯
鱼露汁……1/2杯

鱼露汁

鳀鱼……15g
香菇……4个
海带……1张（10cm×10cm）
料酒……1杯
清酒……1/2杯
水……1+1/2杯
柴鱼片……20g
酱油……1杯
白糖……1大勺

小贴士

制作好的鱼露汁能够冷藏保存1个月。将矿泉水和鱼露汁按照3:1的比例稀释使用。

1. 去除鳀鱼的头和内脏，在干锅中翻炒至焦脆。

2. 在锅中添加翻炒好的鳀鱼、香菇、海带、料酒、清酒、1杯水，腌制12小时。

3. 将腌制好的食材进行炖煮，沸腾时捞出海带，再炖3分钟左右，添加柴鱼片并关火。

4. 静置3分钟后，在筛子上铺垫粗布或厨房毛巾，进行过滤。

5. 添加酱油、1/2杯水、白糖，煮沸后冷却，制成鱼露汁，放进冰箱冷藏室保存。

6. 在沸水中添加荞麦面，煮3分钟左右，放入冷水冷却，将矿泉水和鱼露汁调配好，搭配荞麦面食用。

飞鱼籽黄瓜寿司

原料

嫩黄瓜……2根
飞鱼籽……100g
柠檬汁……1小勺
醋……1大勺
白糖……1大勺
盐……1/4小勺
热米饭……2碗

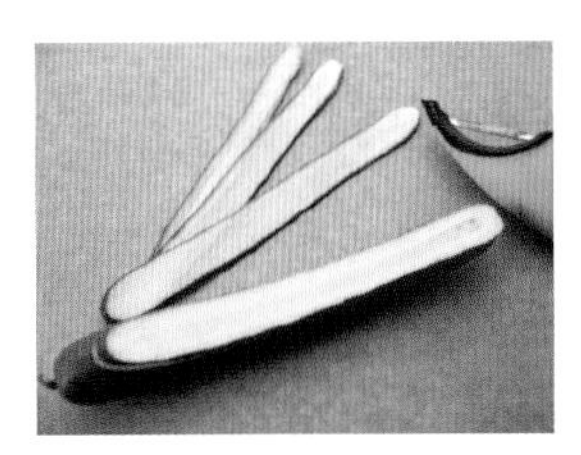

1. 洗净嫩黄瓜并控干水，用削皮器连皮削成薄片状。

2. 在飞鱼籽中略微撒上柠檬汁解冻。

3. 将醋、白糖、盐均匀搅拌后倒入热米饭中。

4. 将米饭捏成圆形饭团，用黄瓜片围起一小撮饭团，中间放置满满的飞鱼籽即可。

Set
07

辣白菜炒饭
豆腐蔬菜饼

还能再找出一种像辣白菜炒饭这样深受人们喜爱的料理吗？只要家中备有辣白菜，这道料理便可信手拈来，轻松解决一顿饭。制作美味的辣白菜炒饭的秘诀便是熟透的辣白菜！当然喽，点缀上一枚如朝阳一般的煎蛋也是必不可少的。

辣白菜炒饭

原料

辣白菜……1/5棵（250g）
食用油……少许
蒜末……1/2大勺
葱花……3大勺
辣椒酱……1小勺
白糖……1小勺
酱油……1小勺
米饭……2碗
香油……1/2大勺
芝麻……少许

1. 腌好的辣白菜去除杂料后切成边长1.5~2cm的大小。

2. 热锅中倒入食用油，放入蒜末和葱花，翻炒出香味。

3. 添加辣白菜翻炒3~4分钟，直至辣白菜呈现透明状，添加辣椒酱、白糖、酱油翻炒。

4. 加入米饭，翻炒均匀后倒入香油和芝麻，混合搅拌即可。

豆腐蔬菜饼

原料

胡萝卜……1/4根
洋葱……1/4个
平菇……1把
豆腐…1/2块（150g）
煎炸粉……1/2杯
太白粉……3大勺
鸡蛋……1个
酱油……1小勺
盐……1/4小勺
食用油……少许

小贴士

根据个人喜好可以将1大勺酱油、1大勺醋、1/2大勺白糖混合制成醋酱油搭配豆腐蔬菜饼食用。

1. 将胡萝卜、洋葱、平菇切成丁。

2. 豆腐控干水再切丁。

3. 盆中添加豆腐、煎炸粉、太白粉、鸡蛋、酱油、盐，均匀搅拌后，添加所有切好的蔬菜，整体混合搅拌即可。

4. 热锅中倒入食用油，用勺子挖出一个个圆形面团放入锅中，正反面煎成金黄色即可。

Set
08

海鲜炒乌冬面
虾肉炒蒜薹

第一次去大阪的时候让我印象最深的是日式酱油炒面，这是一种颇具代表性的日式炒面。从那之后，每当想起那香喷喷的味道，我都会自己做着吃。而炒蒜薹则是一款与之十分搭配的料理。

海鲜炒乌冬面

原料

鱿鱼……1条
虾……5只
洋葱……1/4个
红灯笼辣椒……1/2个
圆生菜……2片
胡萝卜……1/4个
平菇……50g
乌冬面……2袋
食用油……少许
清酒……1大勺
鱼露汁……3大勺
香油……1/2大勺

小贴士

自制鱼露汁请参考第104页。您也可以在大型超市或百货商场食品区购买鱼露汁。

1. 将鱿鱼切成1cm厚的圈状，虾去壳并去除内脏。

2. 将洋葱、红灯笼辣椒、圆生菜切丝，胡萝卜切条。平菇去除根蒂后撕成一绺一绺的形态。

3. 参考包装上的制作方法，将乌冬面倒入沸水中煮1分钟左右，再捞出控干水。

4. 热锅中倒入食用油，添加洋葱、胡萝卜、红灯笼辣椒、平菇翻炒。

5. 添加鱿鱼、虾后翻炒片刻，再加入清酒炒熟。

6. 添加乌冬面和圆生菜，用鱼露汁调味后关火，倒入香油搅拌即可。

虾肉炒蒜薹

原料

干虾……20g
蒜薹……100g(1/2捆)
食用油……少许
酱油……1/2大勺
低聚糖……1大勺
料酒……1大勺

1. 用筛子盛装干虾，反复晃动，去除杂质后放入玻璃碗中。

2. 将蒜薹切成5cm长的段。

3. 热锅中倒入食用油，添加蒜薹和干虾，翻炒片刻后倒入酱油、低聚糖、料酒，翻炒熟即可。

Set
09

豆面条
腌桔梗黄瓜

在夏天如果想吃点爽口的面食，最佳选择莫过于豆面条了。有人喜欢在豆面条里额外添加花生，有人添加芝麻，都是为了增加醇香的口感。而我更偏爱清淡的豆子汤的味道，所以常常什么也不加。将豆面条搭配清爽的腌桔梗黄瓜一同食用是个不错的选择哦。

豆面条

原料

豆子（大豆）……1杯
水（泡豆子用）……3杯
水（煮豆子用）……5杯
水（添加进搅拌器）……3杯
盐……1小勺
面条……250g
熟蛋黄……1个
黄瓜……1/4根
圣女果……3个

小贴士

煮豆子时，应避免煮得过熟。豆子过熟会散发豆酱饼的味道。

根据个人喜好，可将搅拌好的豆汤用筛子过滤掉豆渣，仅使用汤汁。

1. 将豆子洗干净后加3杯水浸泡一晚。

2. 锅中倒入5杯水，煮沸时倒入浸泡好的豆子，煮10分钟。

3. 将煮熟的豆子倒入凉水中冲洗并去皮，放入搅拌器后缓缓倒入3杯水，磨成豆浆。

4. 加盐将豆浆调味后冷却备用。

5. 将面条煮熟后用凉水浸泡冷却。

6. 将蛋黄切成丝，黄瓜切丝，圣女果切半，将面条盛入碗中，倒入豆浆，摆放上配菜即可。

腌桔梗黄瓜

原料

桔梗……200g（10根）
盐……1大勺
黄瓜……1根

酱料

辣椒粉……1大勺
辣椒酱……1大勺
白糖……1大勺
醋……1大勺
蒜末……1/2大勺
芝麻……少许

小贴士

将桔梗用力搓洗，才能够去除其特有的苦味。

1. 去除桔梗外皮，用刀将其粗壮部位2等分，添加1/2大勺盐，均匀搅拌后放置10分钟左右，用水冲洗干净并控干水。

2. 纵向切开黄瓜后，再切成0.5cm厚的片，添加1/2大勺盐，腌制10分钟后用水冲洗并控干水。

3. 盆中添加所有酱料原料并均匀搅拌。

4. 在酱料中添加桔梗和黄瓜，均匀搅拌即可。

Set
10

墨西哥牛肉酱
冰茶

香辣的墨西哥牛肉酱非常适合搭配玉米片、面包、土豆、米饭等一同食用。冰茶则可使用冷浸法制成，如此有效减少红茶的苦涩，突出其清香。

墨西哥牛肉酱

原料

黄油……1大勺
蒜末……1小勺
洋葱末……1/8个
牛肉末……100g
西红柿酱……300g
甜玉米……1/2杯
芸豆……1/2杯
帕玛森芝士粉……1大勺
盐……1/4小勺
胡椒……少许

小贴士

适宜搭配米饭、面包或玉米片食用。

1. 热锅中熔化黄油，倒入蒜末和洋葱末翻炒。

2. 添加牛肉末，大火翻炒。

3. 添加西红柿酱、甜玉米、芸豆翻炒。

4. 1~2分钟后变得稍稠，添加帕玛森芝士粉，再加入盐、胡椒调味即可。

冰茶

原料

红茶叶……2大勺
（或红茶袋 2包）
雪碧……500mL
柠檬……少许
苹果薄荷……少许

小贴士

您可以将冰茶盛装在漂亮的瓶子中作为礼物馈赠给亲朋好友。

伯爵红茶、锡兰红茶、大吉岭红茶均适合制作这款饮品。

1.将红茶叶装入茶袋中。

2. 在雪碧中浸泡红茶袋，放置在冷藏室中浸泡3~6小时，泡好后添加柠檬和苹果薄荷即可。

Set
11

咖喱乌冬面
腌紫苏叶芽

咖喱饭制作过程简单，但日复一日制作咖喱饭，您是否有些腻烦了呢？不妨用乌冬面带来一丝新鲜感吧，每天重复的餐桌也会因此焕然一新哦。紫苏叶芽带有紫苏叶特有的香气，每每在市场上遇见，我总是会买很多回家腌制起来。紫苏叶芽刚上市时，您千万不要错过哦。

咖喱乌冬面

原料

洋葱……1个
食用油……少许
牛柳……100g
水……2杯
固体咖喱……2块
伍斯特辣酱油……1大勺
西红柿沙司……1大勺
乌冬面……2袋
煮好的青豆（装饰用）……少许

小贴士

伍斯特辣酱油是一种西方调味酱料，口感酸咸，同时散发多种香草和香料的味道。如果没有也无妨。

1. 洋葱切丝，在加入食用油的热锅中翻炒10~15分钟至变成褐色。

2. 再添加牛柳翻炒。

3. 添加2杯水和固体咖喱煮，变稠后添加伍斯特辣酱油和西红柿沙司，再煮片刻。

4. 乌冬面加入沸水中煮1~2分钟捞出。

5. 在步骤3的锅底中加入乌冬面，煮片刻后盛入碗中，上面撒上煮好的青豆即可。

腌紫苏叶芽

原料

紫苏叶芽……200g
洋葱……1/4个
红辣椒……1个
朝鲜酱油……1大勺
蒜末……1小勺
白糖……1/2小勺
白苏油……2大勺
葱花……2大勺
芝麻……1小勺

小贴士

如果没有白苏油，也可以使用香油代替，但紫苏叶芽更适合搭配白苏油。味道不足时可加盐调味。

1. 洗净紫苏叶芽，在沸水中焯一下，30秒即可，一定要挤干水分。

2. 将洋葱和红辣椒切丝。

3. 盆中倒入焯过的紫苏叶芽、朝鲜酱油、蒜末、白糖，均匀搅拌。

4. 热锅中倒入白苏油，翻炒搅拌过酱料的紫苏叶芽，翻炒片刻后添加洋葱和红辣椒，再翻炒片刻后添加葱花和芝麻即可。

Set
12

越南卷
炸莲藕

越南卷既可以作为减肥料理，也能够用来待客，在一家人和和美美围坐一桌时盛上，更是一道老少皆宜的美食。炸莲藕是我喜爱的一道小吃，因此成了家中饭桌上的常客。嘴馋时常吃，加上精美的包装后也常常赠送给朋友们。

越南卷

原料

- 黄瓜……1/2根
- 红灯笼辣椒……1个
- 黄灯笼辣椒……1个
- 蟹肉棒……3条
- 米纸……10张
- 芝麻叶……10片

花生酱

- 花生黄油……3大勺
- 水……1大勺
- 低聚糖……1大勺
- 醋……2/3大勺
- 酱油……1小勺
- 盐……少许

小贴士

为了打造一份实在的正餐，建议您在越南卷中添加煮过的鸡胸脯肉。越南卷的填充原料可以变幻无穷。

1. 将黄瓜与红、黄灯笼辣椒切丝，蟹肉棒纵向3等分切丝。

2. 将米纸浸泡在温水中片刻后捞出，放置在案板上或盘中。

3. 在米纸上放置芝麻叶后再依次放置切好的原料，先折叠两端，再从下至上慢慢卷起。

4. 将花生酱原料均匀混合，搭配越南卷食用。

炸莲藕

原料

莲藕……1/2根
醋……少许
淀粉……1大勺
煎炸油……适量
盐……少许

小贴士

除了莲藕，您也可以灵活选用应季的红薯、南瓜等各类原料。可将其装进透明容器中作为礼物馈赠给亲朋好友。

1. 去除莲藕外皮切成薄片，在水中倒入两三滴醋，浸泡约10分钟。

2. 用厨房毛巾擦干莲藕的水，将莲藕粘上薄薄的淀粉后放入170℃油锅炸至焦脆。

3. 将炸好的莲藕放在厨房毛巾上，吸收多余的油，撒上盐即可。

Set
13

豆腐“牛排”
柚子柿子沙拉

越来越多的新闻报道建议人们应更多食用大豆和豆腐，少食用肉类。每当看到此类消息，可能大多数人会为健康考虑，表示认可，但往往并未付诸行动。不如在这个周末一起来制作豆腐“牛排”吧，搭配酸甜的柚子柿子沙拉，美味加倍哦！

豆腐“牛排”

原料

豆腐……1块
香菇……1个
洋葱……1/4个
胡萝卜……1/4根
鸡蛋……1个
煎炸粉……2/3杯
盐……少许
食用油……少许

酱料

西红柿泥……2/3杯
炸猪排酱料……1/3杯
水……2大勺
盐……少许
胡椒……少许

小贴士

西红柿泥是将西红柿搅碎熬稠后制成的，比西红柿酱更黏稠，味道更浓厚。

如果没有西红柿泥，也可将完全熟透的西红柿搅碎后使用。

1. 用刀背将豆腐碾细碎，放入粗布，将水分挤压出。

2. 将香菇、洋葱、胡萝卜切碎，盆中倒入豆腐、切碎的蔬菜、鸡蛋、煎炸粉、盐，均匀搅拌。

3. 将原料按压成圆形扁平状，放入油锅中，正反面煎烤成金黄色盛出。

4. 在锅内倒入所有酱料原料，熬制2~3分钟后浇在豆腐“牛排”上即可。

柚子柿子沙拉

原料

沙拉用蔬菜……1把
柿子……1个

调味酱

柿子……1/2个
橄榄油……2大勺
柿子醋……1大勺
柚子果酱……1大勺
盐……少许

小贴士

如果没有柿子醋，也可用一般醋代替。但柿子醋能够使味道更香浓。

1. 将沙拉用蔬菜放入凉水中浸泡后控干水，撕成便于食用的大小。

2. 去除柿子（1个）外皮后切成适宜食用的大小。

3. 在搅拌器中放入所有调味酱原料，搅碎。

4. 在沙拉用蔬菜上放置柿子，配调味酱食用即可。

附赠食谱

Plus Recipe 01

蚝油炒面

原料

乌冬面……2袋
牛柳……150g
洋葱……1/4个
红灯笼辣椒……1个
香菇……2个
西蓝花……1/2个
食用油……2大勺
葱花……1小勺
蒜泥……1小勺
鸡汤……1/3杯
蚝油……2大勺
香油……1大勺
盐……1/4小勺
胡椒……少许

小贴士

熬制鸡汤的过程较为烦琐，您也可以购买块状鸡精替代。使用时按照1个鸡精块搭配2杯水的比例为宜。

1. 将乌冬面倒入滚水中煮1分钟，用筛子捞出控干水。
2. 将牛柳切成宽1cm的条状。
3. 洋葱、红灯笼辣椒、香菇均切丝，西蓝花切成适宜食用的大小。
4. 热锅中倒入食用油，倒入葱花、蒜泥翻炒片刻后，添加牛柳继续翻炒。
5. 倒入所有蔬菜，翻炒片刻后添加鸡汤略煮。
6. 将焯过的乌冬面倒入锅中，添加蚝油、香油、盐、胡椒调味后即可。

鸡汤

鸡……1/2只
水……1升
大葱……1根
洋葱……1/4个
蒜……3瓣
胡椒粒……少许

1. 把鸡洗干净后剔除内脏等。
2. 锅中倒入水，添加鸡、大葱、洋葱、蒜、胡椒粒等煮至沸腾。
3. 沸腾后调至中火，打开锅盖再煮约1小时，用筛子过滤后即可使用。

Plus Recipe 02

蒜薹意大利面

原料

盐……适量
意大利面……200g
中虾……10只
蒜薹……2根
蒜……2瓣
洋葱……1/6个
意大利腊肠……3个
橄榄油……3大勺
帕玛森芝士粉……2大勺

1. 在沸水中加入少许盐，倒入意大利面，按照包装袋上的时间煮面。
2. 去除虾的头尾及内脏、外壳等。
3. 蒜薹切成长5cm的段，用刀拍碎蒜瓣，将洋葱和意大利腊肠切碎。
4. 热锅中倒入橄榄油、蒜、洋葱及切碎的意大利腊肠，小火翻炒约2分钟，使香味充分溢出。
5. 添加虾仁，翻炒片刻再加入蒜薹翻炒，随后倒入意大利面再翻炒1分钟后加盐。
6. 最后添加帕玛森芝士粉收尾。

Plus Recipe 03

乌冬面

原料

鱼饼（梅花鱼饼）……50g
茼蒿……1/6把
油豆腐……2片
水……3杯
鱼露汁……3大勺
乌冬面……2袋

小贴士

鱼露汁的做法请参考第104页。

可根据个人喜好确定鱼饼的量，或添加更多种类的蘑菇。味道淡的话请使用鱼露汁调味。

1. 将鱼饼切成适宜食用的大小，洗净茼蒿。
2. 选用原味油豆腐，切成0.7cm宽的条状。
3. 锅中倒入水，沸腾后倒入鱼露汁。
4. 添加乌冬面、鱼饼、油豆腐，煮2分钟后添加茼蒿，关火即可。

Dinner

唤起爱的美味晚餐

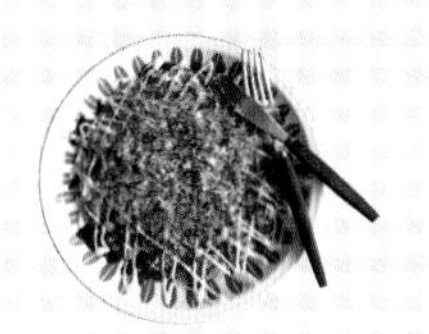

结束辛苦的一天，迎来期盼已久的晚餐时光，好好犒劳一下劳作一天的自己，准备一餐美味的晚宴吧。同时也用它来传递爱意，为奔波一天的家人补充一下能量吧！

Set
01

蘑菇炒肉
凉拌裙带菜黄瓜

富含无机质和食用纤维的蘑菇与蛋白质含量丰富的肉类可谓最佳拍档。制作肉类料理时，蘑菇往往是必不可少的，有了它，味道和香气都会更上一层楼。如果您家中有剩余的炒肉，也可以在第二天夹入面包中，制成美味的三明治。

蘑菇炒肉

原料

牛肉……600g
平菇……1把
金针菇……1把
洋葱……1/2个
大葱……1/2根
食用油……少许

调味料

酱油……5大勺
白糖……2大勺
料酒……2大勺
蒜泥……2大勺
香油……1大勺
姜汁……1小勺

1. 用厨房毛巾去除牛肉上的血水。

2. 去除平菇和金针菇的根部，切成适宜食用的大小，洋葱、大葱均切丝。

3. 盆中倒入调味料原料并均匀搅拌，再添加牛肉、洋葱、大葱，腌制约1小时。

4. 热锅中倒入食用油，倒入步骤3的食材并翻炒，添加步骤2的平菇和金针菇后继续翻炒片刻即可。

凉拌裙带菜黄瓜

原料

干裙带菜……2大勺
（或浸泡好的裙带菜 1杯）
粗盐……少许
黄瓜……1/2根
洋葱……1/4个
红辣椒……1个

调味料

白糖……1大勺
醋……1大勺
料酒……1大勺
香油……1/2大勺
朝鲜酱油……1小勺
盐……少许

小贴士

干裙带菜泡开后会膨胀至原来的8~10倍，请注意不要过量。

1. 干裙带菜浸泡在凉水中约30分钟，浸泡好后冲洗干净并挤干水分。

2. 把用粗盐揉搓过的黄瓜洗净后切成圆形薄片，洋葱切丝，红辣椒斜切丝。

3. 将调味料原料均匀混合。

4. 在盆中放入裙带菜、黄瓜、洋葱、红辣椒、调味料，均匀搅拌即可。

Set
02

日式营养饭
腌莲藕

富含海带、香菇、豆子的日式营养饭，口感鲜美，无须其他配菜便能够让您好好享受一番。晚餐如有剩余，可在第二天做成便当。将其制成三角饭团，再搭配腌莲藕，即可完成超级美味的便当喽。

日式营养饭

原料

白豆……1/2杯
大米……2杯
干香菇……3个
海带…1张（5cm×5cm）
酱油……2大勺
清酒……1/2大勺

小贴士

在一般的饭锅或生铁锅中煮米饭，可以先打开锅盖，大火煮片刻，待水分变少后盖上锅盖并调至小火煮10~15分钟，关火后再焖5分钟左右，最后打开锅盖，用勺子从表面到底部缓缓翻搅即可。如果使用电饭煲蒸饭，则按下蒸饭按钮即可。

1. 将白豆浸泡在水中约6小时，大米浸泡在凉水中约30分钟。

2. 分别用香菇和海带浸泡出足量香菇水、海带水，将浸泡后的水分别保存1杯待用。

3. 去除香菇根蒂并切丝，将海带也切丝。

4. 锅中倒入浸泡后的大米、白豆、香菇、海带，以及香菇水、海带水、酱油、清酒，煮好即可。

腌莲藕

原料

莲藕……1根（300g）
酱油……1/3杯
料酒……1大勺
水……2/3杯
糖稀……2大勺
香油……1大勺
芝麻……1小勺

1. 莲藕去皮后切成厚0.5cm的薄片，放入沸水中略微焯一下。

2. 热锅中倒入焯过的莲藕，并添加酱油、料酒、水熬制。

3. 水变少后添加糖稀再次熬制，最后添加香油和芝麻即可。

Set
03

豆腐大酱汤
凉拌豆芽

我一直觉得大酱汤咕嘟咕嘟沸腾的声音中饱含着温暖的亲情。小时候和小伙伴们在外面疯玩，快开饭时听到妈妈的呼唤，便迫不及待地跑回家中，屋子里溢满了酱汤的香气，咕嘟咕嘟的沸腾声仿佛还回荡在耳边。即使时间飞逝，仍然难忘母亲的大酱汤。

豆腐大酱汤

原料

豆腐……1/2块
西葫芦……1/4个
青辣椒……1个
红辣椒……1个
海带……1张（5cm×5cm）
鳀鱼……5~6条
水……2杯
大酱……2大勺

小贴士

鳀鱼汤的制作方法
请参考第11页。

1.豆腐切成厚0.7cm的片状，西葫芦切成扇形，青、红辣椒斜切丝。

2.锅中倒入海带、鳀鱼、水，煮10分钟后制成汤汁。

3.将大酱充分溶解在汤中，熬制片刻。

4.添加豆腐、西葫芦、辣椒后再熬制片刻即可。

凉拌豆芽

原料

豆芽 300g
香葱 1根
盐 1/2小勺
蒜泥 1小勺
香油 1小勺
芝麻盐 少许

1. 用清水冲洗干净豆芽并去除根蒂，将香葱切好备用。

2. 在沸水中添加豆芽，盖上锅盖煮3分钟左右。

3. 用筛子捞出豆芽并控干水，添加香葱、盐、蒜泥、香油、芝麻盐，均匀搅拌即可。

Set

04

辣炒猪肉
明太鱼汤

想制作出美味的辣炒猪肉，不妨预先制作调味酱料并充分熟成，猪肉添加酱料后也要充分腌制，这都需要一定的时间。明太鱼汤能够令人神清气爽，其中富含具有护肝效用的氨基酸，尤其适合用来解酒。

辣炒猪肉

原料

猪肉……600g
清酒……2大勺
洋葱……1/2个
胡萝卜……1/2根
大葱……1根
青辣椒……1个
红辣椒……1个
食用油……少许

调味酱料

辣椒粉……5大勺
酱油……4大勺
辣椒酱……3大勺
蒜泥……2大勺
糖稀……2大勺
白糖……1大勺
料酒……1大勺
香油……1大勺
姜末……1小勺
胡椒……少许

小贴士

预先制作调味酱料并充分熟成后使用口感更佳。

辣炒猪肉搭配切好的芝麻叶食用，口味更清香。

1. 在猪肉上撒上清酒，腌制约20分钟。

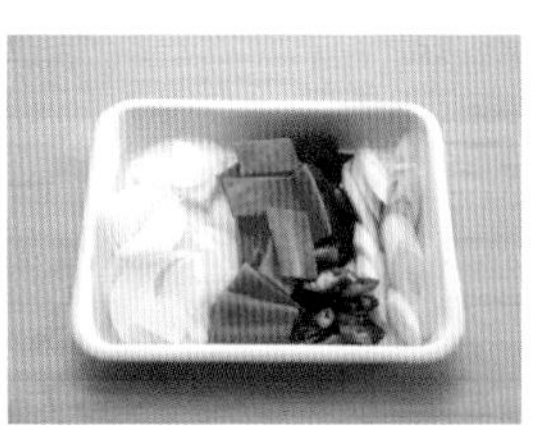

2. 洋葱切片，胡萝卜切成2cm×5cm的大小，大葱和青、红辣椒斜切。

3. 均匀搅拌调味酱料的原料。

4. 盆中倒入猪肉及所有蔬菜、调味酱料，均匀搅拌后放入冷藏室，腌制1小时以上。在热锅中倒入食用油，翻炒腌制好的猪肉和蔬菜即可。

明太鱼汤

原料

明太鱼干……2把
鸡蛋……1个
豆腐……1/2块
大葱……1/2根
香油……1大勺
水……6杯
蒜泥……1小勺
朝鲜酱油……1大勺
金枪鱼汁……1大勺
白糖……1小勺

小贴士

没有金枪鱼汁时，可多添加1大勺朝鲜酱油或盐进行调味。

如果使用明太鱼肉脯代替明太鱼干，那么用水浸泡后撕成适宜食用的大小即可。

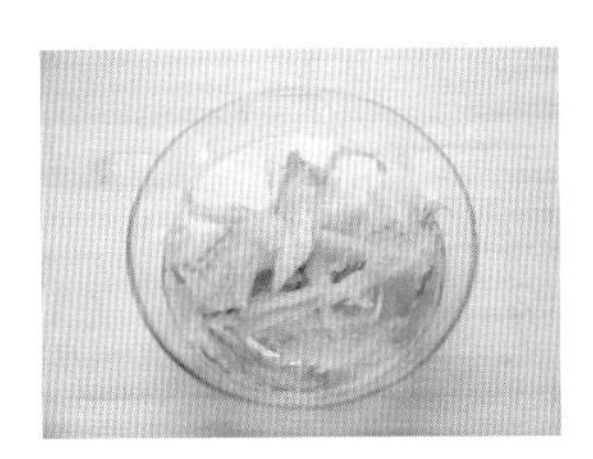

1. 将明太鱼干浸泡在水中约30分钟，捞出后用手挤干水分。

2. 将鸡蛋搅拌均匀，豆腐切成适宜食用的大小，大葱斜切。

3. 热锅中倒入香油，翻炒明太鱼干片刻，倒入水煮至沸腾。

4. 添加豆腐煮片刻后，再添加大葱、蒜泥、朝鲜酱油、金枪鱼汁、白糖，倒入鸡蛋液，煮沸后即可。

Set
05

御好烧
醋泡卷心菜

御好烧是日语“お好み（喜爱）”和“焼き（烧烤）”两个意思的组合，意为选择自己喜爱的食材放在铁板上烤着吃，与韩国的铁板烧烤相似。您尽可选择自己喜好的食材来尝试制作。

御好烧

原料

卷心菜……200g
虾仁……6个
培根……2片
食用油……少许
鸡蛋……2个
煎炸粉……120g
水……1/2杯
白糖……1小勺
照烧酱料……2大勺
蛋黄酱……2大勺
柴鱼片……5g

小贴士

将照烧酱料和蛋黄酱倒入塑料袋中，剪掉塑料袋的一角，这样便于挤出细长的形状。

1. 将卷心菜切成细丝。

2. 将虾仁和培根切成小块。热锅中倒入食用油，翻炒虾和培根，呈现金黄色后起锅，用厨房毛巾去除油脂。

3. 盆中倒入鸡蛋并搅拌均匀，再添加卷心菜、煎炸粉、水、白糖，均匀搅拌。

4. 添加虾和培根，均匀搅拌制成面糊。

5. 热锅中倒入食用油，再倒入面糊，煎成厚实的饼状。

6. 煎熟后，均匀挤出照烧酱料和蛋黄酱，添加柴鱼片即可。

醋泡卷心菜

原料

芝麻叶……20片
卷心菜……200g
红卷心菜……200g
水……2杯
醋……1/2杯
白糖……1/2杯
盐……1/2大勺

1.用清水洗干净芝麻叶，将卷心菜和红卷心菜叶片层层剥下清洗。

2.锅中倒入水、醋、白糖、盐，煮至白糖溶解后略微冷却。

3.在密封容器中依次添加卷心菜、芝麻叶、红卷心菜，倒入步骤2的调味汁。

4.用石头或较重的东西紧紧按压容器，在冷藏室内放置1~2天进行熟成即可。

Set

06

西蓝花炒牛肉
辣椒酱饼

小时候吃不惯辣椒酱饼的味道，随着时光的流逝，却越来越离不开辣椒酱饼了。每当没有胃口的时候，总是能迅速做一盘端上桌，做起来简单，吃起来又解馋。西蓝花炒牛肉是一种健康烹调西蓝花的全新方法。

西蓝花炒牛肉

原料

西蓝花……1/2个
洋葱……1/4个
红辣椒……1个
牛肉……300g
蚝油……2大勺
酱油……1小勺
清酒……1+1/2大勺
蒜泥……1/2大勺
胡椒……少许
食用油……少许
香油……1大勺

1. 将西蓝花切成适宜食用的大小。

2. 洋葱切片，红辣椒斜切成细丝。

3. 用厨房毛巾挤压牛肉，去除血水后，添加蚝油、酱油、清酒、蒜泥、胡椒，腌制30分钟。

4. 热锅中倒入食用油，翻炒腌制好的牛肉，再添加西蓝花、洋葱、红辣椒翻炒，最后倒入香油调味即可。

辣椒酱饼

原料

辣椒酱……1大勺
水……1/2杯
韭菜……1把
芝麻叶……3片
青辣椒……1/2个
红辣椒……1/2个
煎炸粉……1杯
食用油……少许

1. 将辣椒酱溶解于水中。

2. 将韭菜、芝麻叶、青辣椒和红辣椒切碎。

3. 盆中倒入煎炸粉，以及步骤1的辣椒酱水、韭菜、芝麻叶。

4. 热锅中倒入食用油，分别倒入2大勺步骤3的面糊，在上面撒上切碎的青、红辣椒，正反面煎至金黄色即可。

Set
07

酱牛排
土豆饭

制作酱牛排时，将牛排切成适宜食用的大小，配上蔬菜和调味酱汁翻炒即可。在肉类料理中属于相对容易制作的，而且味道浓香，深受欢迎。换下经常制作的烤牛肉和烤五花肉，今晚的主菜就来尝试酱牛排吧。

酱牛排

原料

牛肉……400g
盐……少许
胡椒……少许
青灯笼辣椒……1个
红灯笼辣椒……1个
洋葱……1个
橄榄油……少许

酱料

牛排酱料……4大勺
西红柿沙司……2大勺
低聚糖……1大勺

1. 牛肉上撒上盐和胡椒，腌制10分钟后切成适宜食用的大小。

2. 将青、红灯笼辣椒和洋葱切成适宜食用的大小后倒入热油锅中翻炒，随后盛入碗中。

3. 在热锅中倒入橄榄油，将牛肉翻炒至金黄色。

4. 牛肉炒熟后，倒入灯笼辣椒和洋葱，再次翻炒，并添加酱料，均匀混合翻炒后即可。

土豆饭

原料

大米……2杯
土豆……2个
水（煮米饭用）……2杯

1. 大米洗干净后在凉水中浸泡30分钟。

2. 土豆去皮后切成块状，用水冲洗干净。

3. 锅中倒入大米和水（2杯），摆放上土豆，米饭煮熟后，将上层的土豆稍稍搅拌入米饭，再焖片刻即可。

Set
08

鱿鱼盖饭
豆芽汤

鱿鱼既可以用热水焯着吃，也可以炸着吃、炒着吃，方法多种多样。这里您不妨做个辛辣的鱿鱼盖饭，搭配豆芽汤食用。无论是放凉还是趁热喝，豆芽汤都能令鱿鱼盖饭的口感锦上添花。

鱿鱼盖饭

原料

鱿鱼……2条
洋葱……1/2个
胡萝卜……1/4根
大葱……1根
青辣椒……1个
红辣椒……1个
食用油……少许
米饭……2碗

调味酱料

辣椒酱……2大勺
辣椒粉……1大勺
料酒……1大勺
糖稀……1大勺
香油……1大勺
酱油……1/2大勺
蒜泥……1/2大勺

小贴士

在鱿鱼上切出刀口，有助于调味酱料的充分渗入，同时能够令外观更美观。

鱿鱼过熟的话会造成其口感过柴，不易咀嚼。应将蔬菜切好后先下锅翻炒，当翻炒至略熟后再添加鱿鱼翻炒。

1. 将调味酱料的原料均匀搅拌，放置30分钟熟成。

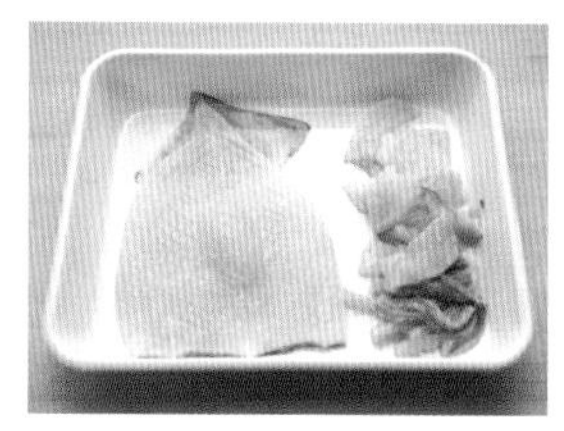

2. 在鱿鱼内侧切出刀口后再切成1cm×5cm大小。

3. 洋葱切丝，胡萝卜切块，大葱和青、红辣椒斜切。

4. 盆中添加鱿鱼、蔬菜、调味酱料，充分混合搅拌。

5. 热锅中倒入食用油，倒入步骤4的材料，大火翻炒后浇在米饭上即可。

豆芽汤

原料

豆芽……1袋（250g）
大葱……少许
水……6杯
鳀鱼……7~8条
海带……1张（5cm×5cm）
蒜泥……1小勺
盐……1/2大勺

1. 将豆芽清洗干净去除根蒂，大葱斜切备用。

2. 锅中倒入水、鳀鱼、海带，静置10分钟后，大火开始煮沸，沸腾后捞出海带，再煮10分钟后捞出鳀鱼。

3. 在汤汁中添加豆芽和蒜泥、大葱、盐，略煮片刻即可。

Set
09

酱烧青花鱼萝卜
凉拌海蜇

我们家招待客人时，时常摆上餐桌的就有凉拌海蜇。每当有很多炖排骨、杂菜等较油腻的菜时，凉拌海蜇能让人备感鲜爽。米饭的绝佳拍档酱烧青花鱼萝卜中的青花鱼固然美味无比，而煮透后充分入味的萝卜也不可小觑哦。

酱烧青花鱼萝卜

原料

青花鱼……1条
清酒……1大勺
姜汁……1小勺
萝卜……1/4个
大葱……1/2根
青辣椒……1个
红辣椒……1个

调味酱料

辣椒粉……1+1/2大勺
辣椒酱……1+1/2大勺
酱油……1大勺
清酒……1大勺
蒜泥……1大勺
白糖……1/2大勺
水……1杯

1. 用清水洗干净青花鱼，撒上清酒和姜汁，腌制10分钟。

2. 将萝卜切成半圆形的厚片，大葱和青、红辣椒斜切备用。

3. 均匀混合调味酱料的原料。

4. 在锅底厚实的锅中倒入萝卜、青花鱼、调味酱料煮，当汤汁逐渐渗入鱼肉中时，添加大葱和辣椒即可。

凉拌海蜇

原料

海蜇……300g
黄瓜……1/4根
胡萝卜……1/4根
蟹肉……2条

芥末调味料

醋……2大勺
白糖……1+1/2大勺
芥末……1大勺
蒜泥……1/2大勺
酱油……1/4小勺
盐……1/4小勺

小贴士

如果将海蜇放入沸水中煮，会造成其口感过柴，如同橡皮筋一般坚韧。因此只需在热水中略微浸泡捞出即可。

将海蜇切成5~6cm的段入菜。如果切得过短，容易使外观显得邋遢。

1. 一边揉搓一边清洗海蜇，随后在凉水中浸泡1小时左右再投洗干净。

2. 锅中倒入水，煮沸后关火，放入海蜇，约10秒后捞出，在凉水中冲洗一遍后挤干水分。

3. 将黄瓜、胡萝卜切丝，蟹肉撕成细丝。

4. 盆中添加海蜇、黄瓜、胡萝卜、蟹肉，再加入芥末调味料原料，均匀搅拌即可。

Set
10

日式鸡蛋卷
炒裙带菜

添加诸多原料制成的鸡蛋卷固然美味无比，不过略带甜味、口感滑软的日式鸡蛋卷也可谓佐饭佳肴。如果还需要其他与鸡蛋卷一起佐饭的菜肴，没有比富含食用纤维、低热量的炒裙带菜更合适的了。

日式鸡蛋卷

原料

鸡蛋……4个
白糖……1大勺
朝鲜酱油……1小勺
清酒……1/2大勺
食用油……少许

1. 在碗中打入鸡蛋，充分搅匀后添加白糖、朝鲜酱油、清酒，均匀搅拌。

2. 热锅中均匀倒入薄薄一层食用油，将一半鸡蛋液缓缓倒入并煎熟。

3. 从末端以3~4cm为间隔卷起鸡蛋并盛出。

4. 倒入剩余鸡蛋液，重复步骤3的方法，缓缓卷起鸡蛋即可。

炒裙带菜

原料

干裙带菜……250g
洋葱……1/4个
红辣椒……1个
食用油……少许
蒜泥……1小勺
朝鲜酱油……1小勺
盐……少许
芝麻……少许

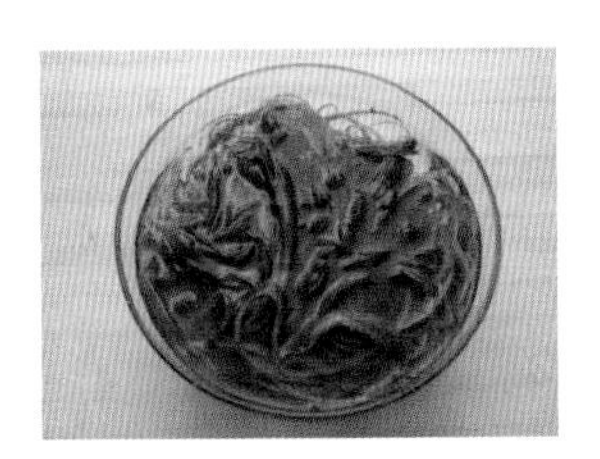

1. 将干裙带菜浸泡在水中约1小时，去除其中盐分。

2. 将洋葱和红辣椒切丝。

3. 热锅中倒入食用油，添加裙带菜、洋葱、蒜泥并翻炒，用朝鲜酱油和盐调味。

4. 最后放入辣椒和芝麻，翻炒搅拌均匀即可。

Set

11

炒鱿鱼五花肉
炒平菇

真不知道是否还有比炒平菇更好的佐饭佳肴了。无论是在农贸市场还是在超市，无论何时都能买得到，价格低廉，有益于健康，还能够促进减肥，这样完美的平菇怎能不惹人喜爱呢？来尝试一下以平菇来搭配用芝麻叶包着吃的炒鱿鱼五花肉吧。

炒鱿鱼五花肉

原料

鱿鱼……1条
洋葱……1/2个
大葱……1根
五花肉……300g
食用油……少许

调味酱料

辣椒酱……3大勺
白糖……3大勺
酱油……2大勺
料酒……1大勺
蒜泥……1大勺
香油……1大勺
糖稀……2/3大勺
姜末……1小勺
花椒……少许

小贴士

鱿鱼预先用水焯过，翻炒时不易产生水分。

肉块可用芝麻叶包着吃。

1. 在鱿鱼内侧切出刀口，然后切成适宜食用的大小，用沸水略微焯一下。

2. 均匀搅拌调味酱料的原料，洋葱切片，大葱斜切。

3. 五花肉切成3~4cm宽。在盆内放入五花肉、鱿鱼、调味酱料，均匀搅拌后腌制1小时左右。

4. 热锅中倒入食用油，将腌制过的五花肉与鱿鱼翻炒片刻，添加洋葱和大葱，炒熟即可。

炒平菇

原料

嫩平菇 1袋（200g）
青灯笼辣椒……1/2个
洋葱……1/4个
红辣椒……1个
食用油……少许
蒜泥……1小勺
酱油……1/2小勺
盐……1/6小勺
香油……1小勺
芝麻……少许

1. 去除嫩平菇根蒂，清洗干净后撕成条状。

2. 将青灯笼辣椒、洋葱、红辣椒切成细丝。

3. 热锅中倒入食用油，添加蒜泥和洋葱翻炒，直至产生香气。

4. 添加平菇进行翻炒，再添加青灯笼辣椒、红辣椒翻炒，用盐调味后添加酱油、香油和芝麻，混合翻炒即可。

Set 12

蒜片鸡肉
鱿鱼圈

第一次尝试地中海式的炸鱿鱼方式——鱿鱼圈，还是在西班牙的塞维利亚。与韩国的炸鱿鱼相比，不仅外皮薄，而且口感酥脆。搭配散发阵阵蒜片清香的蒜片鸡肉一同食用，当然少不了再来杯啤酒，这样的完美组合是否会令您的周五晚间变得更加令人期待呢？那么就快动手来准备吧。

蒜片鸡肉

原料

鸡腿肉……400g
蒜……2瓣
煎炸油……适量

调味酱料

蒜泥……1大勺
清酒……1大勺
酱油……2/3大勺
胡椒……1/2小勺
盐……1/3小勺

外皮

淀粉……3大勺
糯米粉……3大勺
水……2大勺
蒜粉……1大勺

小贴士

也可使用鸡胸脯肉代替鸡腿肉。

鸡肉炸两次口感更酥脆。

蒜片鸡肉口味咸淡适宜，适合作为便当配菜。

1. 将鸡腿肉洗净后切成适宜食用的大小，用调味酱料搅拌后，腌制30分钟。

2. 将蒜切成薄片。

3. 均匀混合外皮原料，放入鸡腿肉，使肉块均匀裹上原料。

4. 在锅中倒入足量的油并加热至170℃，将蒜炸好并捞出后，放入鸡肉块，炸至金黄色即可。

鱿鱼圈

原料

- 鱿鱼……1条
- 卡真粉（Cajun spice）……1/2小勺
- 蛋清……1个
- 盐……少许
- 胡椒……少许
- 面粉……1杯
- 帕玛森芝士粉……1大勺
- 煎炸油……适量

蛋黄酱调味料

- 蛋黄酱……3大勺
- 蒜泥……1小勺
- 盐……少许
- 胡椒……少许

小贴士

小鱿鱼较多的时节，选用小鱿鱼来做，口感更柔软，别有一番滋味。

1. 去除鱿鱼外皮，切成厚0.7cm的圈状，添加卡真粉、蛋清、盐、胡椒，腌制30分钟。

2. 将面粉和帕玛森芝士粉均匀混合，均匀包裹鱿鱼。

3. 锅中倒入足量油并加热至170℃，放入鱿鱼快速油炸。

4. 将蛋黄酱调味料均匀混合，搭配鱿鱼圈食用。

附赠食谱

Plus Recipe 01

辣椒酱大酱汤

原料

猪肉……150g
清酒……1大勺
胡椒……少许
土豆……2个
洋葱……1/2个
西葫芦……1/4个
豆腐……1/4块
红辣椒……1个
香油……1大勺
蒜泥……1/2大勺
鳀鱼汁……4杯
辣椒酱……1大勺
辣椒粉……1大勺
朝鲜酱油……1大勺
盐……少许

1. 将猪肉切块后添加清酒和胡椒腌制。
2. 土豆切成1cm见方的块状，洋葱、西葫芦、豆腐切成同等大小，红辣椒斜切。
3. 热锅中倒入香油，倒入蒜泥和猪肉翻炒片刻，再倒入鳀鱼汁煮。
4. 添加辣椒酱、辣椒粉、朝鲜酱油，煮至猪肉熟透，添加土豆后再煮约3分钟。
5. 添加洋葱、西葫芦、豆腐后再煮1~2分钟。
6. 添加红辣椒后再略微煮片刻，添加盐调味即可。

Plus Recipe 02

酱油调料烤五花肉

原料

酱油……1/2杯
水……1/2杯
白糖……1/4杯
蒜粉……1小勺
五花肉……600g
食用油……少许

1. 将酱油、水、白糖、蒜粉均匀混合。
2. 将五花肉放入步骤1的调味酱料中搅拌，在冷藏室内腌制30分钟。
3. 热锅中倒入食用油，五花肉正反烤至金黄后，剪成适宜食用的大小即可。

Plus Recipe 03

辣白菜饼

原料

辣白菜……1/8棵
煎炸粉……200g
水……1+1/2杯
辣白菜汁……2大勺
食用油……适量

1. 将辣白菜切成边长2cm的大小。
2. 盆中倒入煎炸粉和水，均匀搅拌至没有颗粒，再倒入辣白菜汁和辣白菜混合搅拌。
3. 热锅中倒入食用油，用汤勺舀两勺面糊，薄薄地平铺成一层，正反面煎3~4分钟即可。

Plus Recipe 04

海鲜西红柿拌饭

原料

大虾……6只
红蛤……12个
大米……1杯
橄榄油……2大勺
蒜泥……1小勺
洋葱泥……3大勺
白葡萄酒……1/4杯
去皮整西红柿……1杯
红蛤汁……2杯
盐……1/2小勺
胡椒……少许

小贴士

红蛤汁
锅中倒入300g外壳清洗干净的红蛤，1L水，50g洋葱，20g芹菜，3颗胡椒粒，煮至红蛤外壳张开后，用小火再煮30分钟左右，将红蛤用筛子捞出。

1. 去除虾须和虾的内脏，搓洗红蛤外壳。
2. 大米清洗干净后控干水。
3. 热锅中倒入橄榄油，翻炒蒜泥和洋葱泥。
4. 添加虾和红蛤，翻炒片刻后倒入白葡萄酒，持续翻炒至酒精挥发。
5. 加入大米翻炒片刻，添加去皮整西红柿，一边捣碎西红柿一边翻炒。
6. 倒入滚烫的红蛤汁，添加盐、胡椒调味，煮10分钟左右。
7. 盖上锅盖或锡箔纸，小火煮5分钟左右关火，静置焖10分钟即可。

Parandal's Petit Home Café

Weekend

比餐厅更美味的周末特别料理

今天可是发挥料理手艺的绝好机会！
对外卖常客比萨、糖醋肉和只在特别的日子
才享用的牛排、意大利面说拜拜吧！
让我们选用健康食材，用满满的诚意制作出
最适合招待宾客的周末特别料理！

Set

01

鸡柳沙拉
烤双孢菇
草莓薄荷果汁

制作好蜂蜜芥末酱，准备好鸡柳沙拉，在双孢菇中填充满满的芝士，搭配不断散发薄荷清香的果汁，对常常光顾的法国餐厅说声拜拜吧！

Weekend Menu 01

鸡柳沙拉

原料

鸡胸脯肉……250g
盐……少许
胡椒……少许
柠檬汁……1小勺
鸡蛋……1个
面粉……1/2杯
面包粉……1/2杯
帕玛森芝士粉……1/3杯
煎炸油……适量
沙拉用蔬菜……1把

蜂蜜芥末酱

蛋黄酱……3大勺
蜂蜜……1大勺
芥末酱……2/3大勺
盐……少许
胡椒……少许

小贴士

将块状帕玛森芝士研磨后使用口味更佳。如果没有，也可以直接购买帕玛森芝士粉使用。

1. 在鸡肉上撒上盐、胡椒、柠檬汁，腌制10分钟。

2. 将鸡蛋均匀搅拌入鸡肉。

3. 将面粉、面包粉、帕玛森芝士粉充分混合后均匀搅拌入步骤2的鸡肉中。

4. 锅中倒入足量油并加热至170℃，将鸡肉炸至金黄色。

5. 清洗干净沙拉用蔬菜，控干水。

6. 均匀搅拌蜂蜜芥末酱，搭配炸鸡肉、沙拉用蔬菜即可。

烤双孢菇

原料

双孢菇……6个
培根……1条
红灯笼辣椒……1/4个
洋葱……1/4个
食用油……少许
莫扎瑞拉芝士……50g
盐……少许
胡椒……少许

小贴士

将从双孢菇上摘取的根蒂冷冻保存，制作大酱汤时可作为配料使用。

1. 去除双孢菇根蒂，并清理干净残渣。

2. 将培根、红灯笼辣椒、洋葱切成小丁。

3. 热锅中倒入食用油，翻炒培根、红灯笼辣椒、洋葱，用盐、胡椒调味。

4. 在双孢菇的凹陷处填充步骤3的材料，覆盖莫扎瑞拉芝士，放进预热至190℃的烤箱，烘烤10分钟即可。

草莓薄荷果汁

原料

草莓……1杯
雪碧……1+1/2杯
碳酸水……1/2杯

薄荷糖浆

水……1/4杯
白糖……1/4杯
薄荷叶……2大勺

小贴士

在不产草莓的时节，可使用1杯草莓果汁代替。

1. 在小锅中倒入水、白糖，持续煮至白糖完全溶解即可关火。

2. 在糖浆中添加薄荷叶，浸泡1小时左右，用筛子捞出薄荷叶，制成薄荷糖浆。

3. 将草莓放进搅拌器搅拌细腻。

4. 杯子中倒入步骤3的草莓汁，再倒入雪碧、碳酸水、薄荷糖浆即可。

Set
02

蘑菇汉堡牛排
柚子莲藕开胃菜
姜味汽水

汉堡牛排被称作“Hamburger Steak”，每当提到汉堡牛排总是不由得想起小时候跟随爸爸妈妈常去的简易西餐厅。蘑菇汉堡牛排中添加了大量口感筋道、味道鲜美的蘑菇，让我们一起来动手制作吧！

Weekend Menu 04

蘑菇汉堡牛排

原料

杏鲍菇	60g	盐	2/3小勺
洋葱	1个	胡椒	少许
食用油	少许	牛奶	50mL
牛肉末	200g	面包	1片
猪肉末	200g	汉堡调味酱料	1/2杯
鸡蛋	1个	西红柿沙司	1/3杯
伍斯特辣酱油	1/2大勺		

小贴士

肉在熟透的过程中，中心部位会先鼓胀随后再缩回，因此在煎制时，将肉团按压成圆形扁平状为宜。

用叉子尖刺入肉饼，如果粘在尖头部位的是洁净的液体，则内部已经熟透。

搭配煎鸡蛋和沙拉食用，能够使您尽享诱人美味。

1. 去除杏鲍菇根蒂，彻底清除其中的异物。

2. 将洋葱切碎后在热油锅中翻炒，直至呈现浅褐色后盛出冷却。

3. 在盆中添加牛肉、猪肉、杏鲍菇、洋葱、鸡蛋、伍斯特辣酱油、盐、胡椒和在牛奶中浸泡湿透的面包，均匀混合搅拌。

4. 当汉堡团产生一定的弹性后分成四五个120g大小的汉堡团，揉成扁圆形。

5. 热锅中倒入食用油，放进汉堡团，正反面煎7分钟左右起锅，不要煎煳。

6. 锅中倒入汉堡调味酱料和西红柿沙司，略微煮片刻，浇在汉堡上即可。

柚子莲藕开胃菜

原料
莲藕
……1/2根（约200g）
水……1杯
柚子果酱……1/4杯
醋……2大勺
白糖……2大勺
盐……1/4小勺

1. 去除莲藕外皮，切成厚0.5cm的薄片，在沸水中焯1~2分钟，用凉水反复冲洗后控干水。

2. 锅中倒入水、柚子果酱、醋、白糖和盐，一同煮沸后关火。

3. 当步骤2的食材冷却到适宜温度时用筛子过滤。

4. 在密封容器中倒入莲藕和步骤3的汤汁，放入冷藏室熟成1天即可。

姜味汽水

原料

姜……1杯（或100g）
白糖……1/2杯（或100g）
水……1杯
碳酸水……1杯

小贴士

可根据个人喜好调节姜和白糖的用量。

1. 去除姜的外皮并切成薄片。

2. 锅中倒入姜、白糖、水，煮10分钟。

3. 用筛子过滤，制成姜糖浆。

4. 杯中倒入姜糖浆后再倒入碳酸水即可。

Set

03

芝士比萨
圣女果开胃菜
杧果潘趣饮品

孩子和大人都百吃不厌的比萨，是周末家庭聚会时再合适不过的选择。制作出边缘填充了莫扎瑞拉芝士的芝士比萨，用酸酸甜甜的圣女果开胃菜代替惯用的酸黄瓜，再以杧果潘趣饮品取代可乐，让我们动手做出这一桌特别的美味佳肴吧！

芝士比萨

比萨面饼

- 强力粉……150g
- 速溶酵母……3g
- 白糖……1小勺
- 盐……1/2小勺
- 温水……90mL
- 橄榄油……10mL

馅料

- 青灯笼辣椒……1/2个
- 双孢菇……3~4个
- 黑橄榄……6个
- 火腿……5~6片
- 罐头玉米……2大勺
- 莫扎瑞拉芝士……200g

西红柿调味酱料

- 去皮整西红柿……400g
- 橄榄油……1大勺
- 洋葱末……1/4个
- 罗勒……2~3片
- 盐……1/4小勺

小贴士

西红柿调味酱料的制作过程较为烦琐，也可直接购买现成的西红柿酱使用。

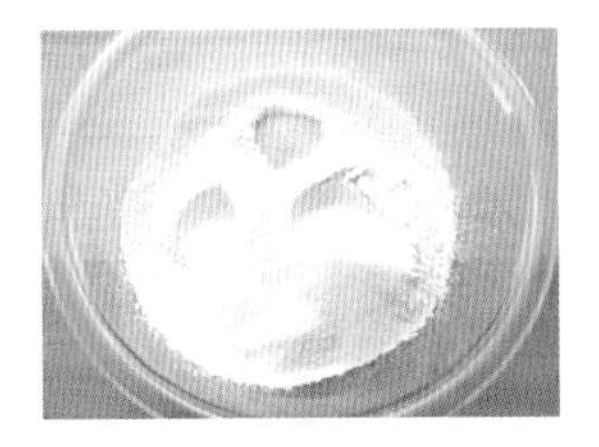

1. 盆中倒入强力粉、速溶酵母、白糖和盐，混合搅拌。

2. 倒入温水和橄榄油，混合搅拌成一个面团。

3. 反复揉搓面团约10分钟。

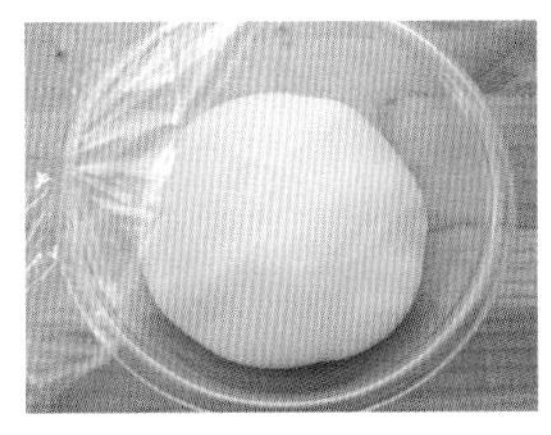

4. 当面团变得柔滑时覆盖浸湿的粗布或保鲜膜，放置在温暖处发酵约50分钟。

5. 青灯笼辣椒、双孢菇、黑橄榄切片，火腿切成适宜食用的大小，用筛子过滤罐头玉米，去除水分。

6. 将去皮整西红柿大致切分。

7. 热锅中倒入橄榄油，翻炒洋葱末，再倒入步骤6的西红柿煮。

8. 当变得较为黏稠时，添加切碎的罗勒并添加盐调味，煮3~4分钟制成西红柿调味酱料。

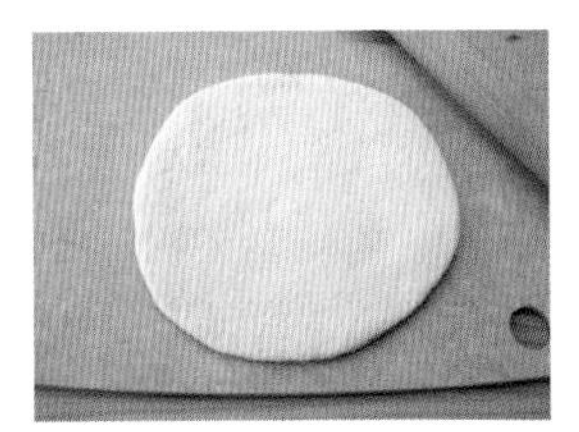

9. 当步骤4的面团膨胀为原来的2倍时，用擀面杖擀成圆形。

10. 在面饼周围一圈放置莫扎瑞拉芝士，为防止芝士松散，仔细用面饼包裹。

11. 在面饼上涂抹西红柿调味酱料，再放置步骤5的馅料，最后撒上莫扎瑞拉芝士。放入预热至180~190℃的烤箱中烘烤15~20分钟即可。

圣女果开胃菜

原料

圣女果……30个
橄榄油……2大勺
醋……1+1/2大勺
白糖……1/2小勺
盐……1/4小勺
洋葱……1/4个
罗勒……6~7片

1. 去除圣女果根蒂，切出十字形刀口，放在沸水中焯10~15秒。

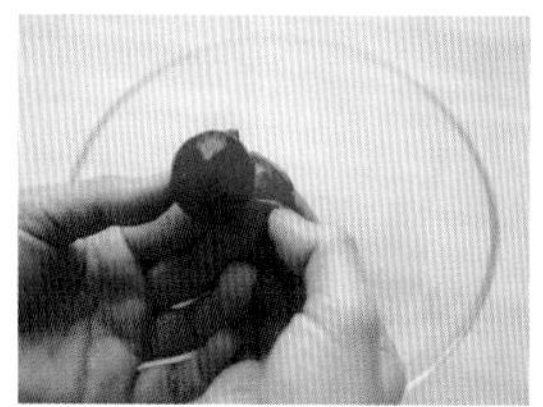

2. 用凉水快速冲洗，彻底去除外皮。

3. 将橄榄油、醋、白糖和盐均匀混合。

4. 洋葱切碎，罗勒切细丝，将所有原料混合搅拌后放置在冷藏室中1小时以上即可。

杧果潘趣饮品

原料

白糖……50g
水……50g
热水……400mL
红茶茶叶……1大勺
杧果果汁……200mL

1. 锅中倒入白糖和水，煮至白糖彻底溶解，制成糖浆。

2. 在热水中添加红茶茶叶，泡3分钟后用筛子过滤。

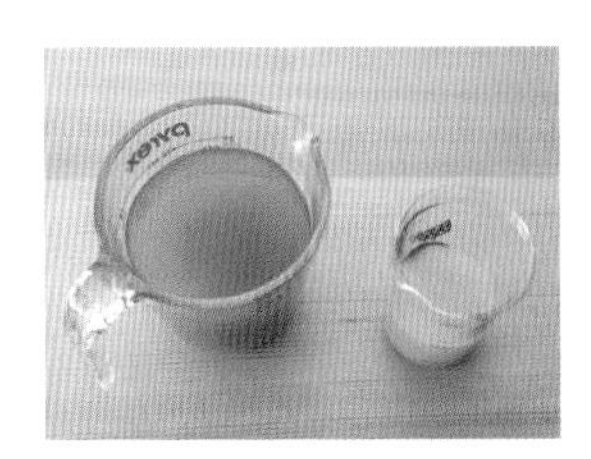

3. 在红茶水中倒入杧果果汁和适量糖浆，放入冷藏室冷藏保存即可。

小贴士

剩余的糖浆可用在冰咖啡或饮料中。

可用红茶茶包代替红茶茶叶，使用1包红茶茶包即可。

Set
04

冷乌冬沙拉
蛋黄酱虾肉
梅子莫吉托

炎炎夏日，口感清爽的冷乌冬沙拉深受女性的喜爱。夏季招待好友时，除了准备冷乌冬沙拉之外，同时再准备蛋黄酱虾肉和用梅子果酱制成的梅子莫吉托，如此这般打点出一席深受女性朋友喜爱的餐饮完全是胜券在握喔。

冷乌冬沙拉

原料

沙拉用蔬菜……1把
中虾……10只
鱿鱼……1条
乌冬面……2袋

酱汁

酱油……2大勺
醋……1大勺
柠檬汁……1大勺
白糖……1大勺
蒜泥……1大勺
辣根……1小勺
香油……1/2大勺
葡萄籽油……2大勺

小贴士

也可使用橄榄油或芥花油等同类植物油来代替葡萄籽油。

在混合酱汁原料时，最后添加葡萄籽油或香油，有利于原料的充分混合。

正如同冷乌冬沙拉的名字一般，一定要冷却后食用，才能够获得最佳口感。所有原料冷却后再混合搅拌为宜。

1. 将沙拉用蔬菜清洗干净，撕成适宜食用的大小后放进冷藏室冷却保存。

2. 去除虾的外壳和内脏，在沸水中焯一下。鱿鱼内侧切出刀口后切成适宜食用的大小，在沸水中焯一下，冷却。

3. 将乌冬面放入沸水煮1~2分钟后捞出冷却。

4. 盆中添加酱汁原料，均匀混合后添加蔬菜、虾、鱿鱼、乌冬面，均匀搅拌即可。

蛋黄酱虾肉

原料

中虾……15只
西蓝花……1/2棵
盐……1小勺
白糖……1小勺
煎炸油……适量
淀粉……少许
杏仁片……1大勺

虾调味料

淀粉……3大勺
鸡蛋汁……1大勺
清酒……1小勺
盐……少许
胡椒……少许

蛋黄酱调味料

蛋黄酱……4大勺
炼乳……1大勺
柠檬汁……1/2大勺
盐……少许
胡椒……少许

小贴士

如果没有炼乳，
可用蜂蜜代替。

1. 去除虾的外壳和内脏，留下尾部，混合虾调味料，将虾放入搅拌。

2. 西蓝花切成适宜食用的大小，沸水中添加盐和白糖，西蓝花放进沸水焯一下。

3. 混合搅拌所有蛋黄酱调味料。

4. 锅中倒入足量煎炸油并加热至170℃，在虾外层包裹薄薄一层淀粉后下锅炸，随后放入蛋黄酱调味料中搅拌。撒上杏仁片，搭配西蓝花食用。

梅子莫吉托

原料

酸橙……1个
苹果薄荷……1把
梅子果酱……4大勺
冰块……适量
碳酸水……2杯

小贴士

如果想制作含有酒精的莫吉托，可添加1大勺白朗姆酒。

原料的分量是2杯，图片展示了1杯的制作过程，使用同样方法再制作1杯即可。

1. 将酸橙切成薄片，杯子中添加1/4个酸橙和1/2把苹果薄荷即可，用勺子按压出汁液。

2. 加入2大勺梅子果酱和一半分量的冰块后再添加1/4个酸橙，倒入1杯碳酸水即可。

EAU

Set 05

博洛尼亚式千层面
玉米沙拉
红灯笼辣椒橘子果汁

对于千层面的热衷源于“加菲猫”。加菲猫对千层面的那种热爱与执着令人印象深刻！那时就不禁好奇千层面到底是多美味的食物啊，尝过之后果然没有失望，真心觉得好吃。这是一种多么令人产生幸福感的食物啊！这里为千层面搭配了简单的玉米沙拉以及有益健康的红灯笼辣椒橘子果汁，这一餐美味同样适合招待宾朋哦。

博洛尼亚式千层面

肉酱调味料

洋葱……1/2个
胡萝卜……1/3根
蒜……2瓣
黄油……1大勺
橄榄油……1大勺
牛肉末……100g
猪肉末……100g
红酒……2/3杯
西红柿酱……400g
盐……少许
胡椒……少许

意大利白酱

黄油……15g
面粉……15g
热牛奶……200mL
盐……少许
胡椒……少许

面条

千层面……4片
黄油……少许

小贴士

将千层面放进烤箱烘烤时注意观察，待面质变硬，似乎要烤焦时取出，在烘烤盘上覆盖锡箔纸后再烘烤。

1. 先制作肉酱调味料。将洋葱、胡萝卜、蒜切丁，热锅中放入黄油和橄榄油，再将洋葱、胡萝卜、蒜丁放入翻炒。

2. 添加牛肉末和猪肉末，大火翻炒，再添加红酒熬制。

3. 添加西红柿酱，小火熬稠后，添加盐、胡椒调味，制成肉酱调味料。

4. 制作意大利白酱。热锅中熔化黄油，添加面粉，小火炒至褐色，防止炒煳。

5. 将热牛奶缓缓倒入并持续搅拌，防止出现凝结，煮10分钟，变得较稠后添加盐、胡椒调味，制成意大利白酱。

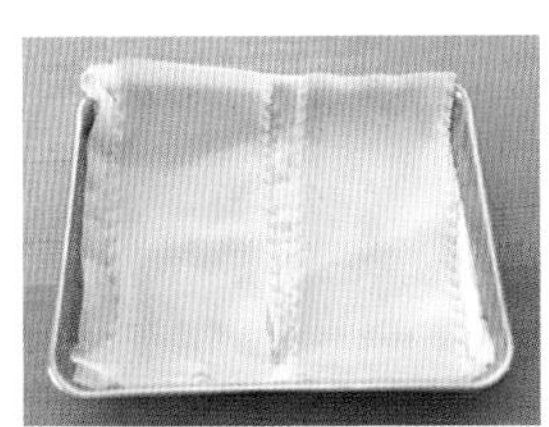

6. 沸水中添加千层面，按照包装纸上的时间煮面，随后去除水分。

7. 在烤盘中涂抹薄薄一层黄油之后，平铺一层意大利白酱（一半量），再平铺一层肉酱调味料（全部量），然后平铺千层面。

8. 最后再平铺上剩余的意大利白酱，放进预热至190℃的烤箱烘烤15~20分钟即可。

玉米沙拉

原料

罐头玉米……1罐（340g）
洋葱……1/4个
青灯笼辣椒……1/4个
红灯笼辣椒……1/4个
蛋黄酱……3大勺
醋……1大勺
白糖……1/2大勺
盐……1/4小勺

1. 用筛子过滤罐头玉米，去除水分。

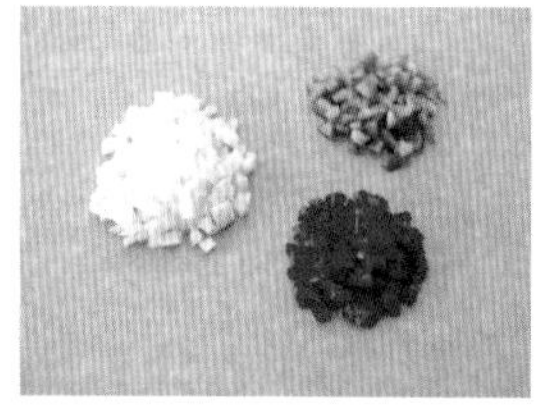

2. 将洋葱和青、红灯笼辣椒切成玉米粒的大小。

3. 均匀混合蛋黄酱、醋、白糖、盐。

4. 盆中添加玉米、洋葱、灯笼辣椒和步骤3的酱料，均匀搅拌后放进冷藏室冷却30分钟左右即可。

红灯笼辣椒橘子果汁

原料

红灯笼辣椒……1个
橘子……1个
低聚糖……1大勺

小贴士

红色、黄色、橘黄色的灯笼辣椒，选择哪种颜色均无妨，但红色灯笼辣椒的色泽最美丽。

1. 去除红灯笼辣椒根蒂，切半后去除籽和白色部分，随后切块。

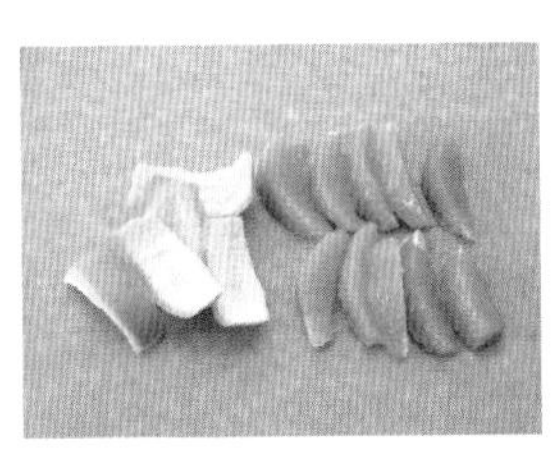

2. 去除橘子外皮，只留果肉部分。

3. 在搅拌器中放入红灯笼辣椒、橘子，搅拌细腻，根据个人喜好添加低聚糖，调节甜度即可。

Set

06

柠檬酱汁糖醋鸡肉
腌萝卜块
桃子冰沙

制作糖醋肉时一般选用猪肉，其实选用鸡肉同样美味无比。这里选用的调味酱料也是非常适合鸡肉的酸甜的柠檬酱汁。吃一块糖醋鸡肉，搭配一块酸爽的腌萝卜块，再来上一口清香无比的桃子冰沙，简直快乐似神仙哦！

Chicken Breast with Lemon Sauce

柠檬酱汁糖醋鸡肉

原料

鸡胸脯肉……300g
蛋清……1个
淀粉……3大勺
煎炸油……适量

腌鸡肉酱料

清酒……1大勺
酱油……1小勺
蒜泥……1小勺
盐……1/4小勺
胡椒……少许

调味酱料

洋葱……1/4个
胡萝卜……1/4根
柠檬……1/2个
食用油……少许
水……2/3杯
白糖……6大勺
柠檬汁……4大勺
盐……1/2小勺

淀粉水

淀粉……1+1/2大勺
水……1+1/2大勺

小贴士

淀粉水是将淀粉和水按照1：1的比例混合制成的。

鸡肉油炸两次会使口感更加酥脆。也可选用鸡腿肉代替鸡胸脯肉，同样美味。

1. 将鸡胸脯肉切成4~5cm长，浸泡在腌鸡肉酱料中30分钟，加入蛋清和淀粉混合搅拌。

2. 在180℃的油锅中一块块放入鸡胸脯肉，炸至呈金黄色。

3. 洋葱切丝，胡萝卜切块，柠檬切片。

4. 热锅中倒入食用油，翻炒洋葱和胡萝卜后添加水、白糖、柠檬汁和盐，煮片刻后添加柠檬片。

5. 将淀粉水混入步骤4的调味酱料中调节浓度，随后加入炸好的鸡肉即可。

腌萝卜块

原料

水……2/3杯
白糖……2/3杯
盐……1/3杯
醋……2/3杯
萝卜……800g

1. 锅中倒入水、白糖、盐，煮沸并冷却后添加醋，制成混合醋。

2. 去除萝卜外皮并切成边长2cm的块状。

3. 在萝卜块中倒入步骤1的混合醋，放进冷藏室3小时左右即可。

桃子冰沙

原料

桃子……1个
牛奶……100mL
纯酸奶……80mL
蜂蜜……1大勺
柠檬汁……1/2大勺

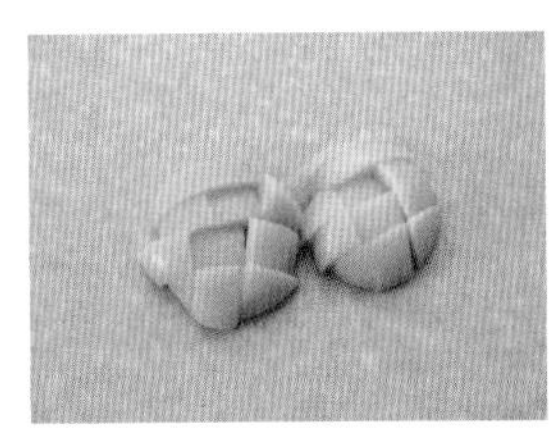

1. 去除桃子外皮并切成大块。

2. 搅拌器中添加桃子和牛奶，搅拌细腻后倒入纯酸奶、蜂蜜、柠檬汁，再次搅拌。

3. 在容器中倒入搅拌后的果汁，放入冷冻室冷冻约3小时。

4. 取出冷冻后的冰沙，用叉子搅拌后继续冷冻1小时左右，再次用叉子搅拌即可。

Set
07

烤芝士茄子
鸡蛋开那批
猕猴桃汽水

烤芝士茄子的灵感源自希腊料理“穆萨卡（Moussaka）”。将烘焙好的美味的茄子层层叠加，覆盖莫扎瑞拉芝士后再进行烘焙便制成了这道绝美的料理。搭配作为开胃菜的鸡蛋开那批以及作为餐后甜品的猕猴桃汽水，您尽可享用这顿美味佳肴。

烤芝士茄子

原料

茄子……2个
盐……少许
鸡蛋……3个
面粉……1/2杯
面包粉……1杯
食用油……少许
西红柿酱……300mL
莫扎瑞拉芝士……150g
帕玛森芝士粉……50g

小贴士

西红柿酱既可以购买成品，也可参考第204页芝士比萨中西红柿调味酱料的制作方法自制。

1. 将茄子切成厚1cm的片状，撒盐腌制片刻，随后用厨房毛巾去除水分。

2. 将2个鸡蛋煮熟后切碎。

3. 将余下的1个鸡蛋搅拌均匀。将茄子片依次粘裹面粉、鸡蛋液、面包粉。

4. 热锅中倒入食用油，将茄子炸成金黄色。

5. 在烤盘中涂抹食用油和西红柿酱后，依照炸茄子、煮鸡蛋、莫扎瑞拉芝士、帕玛森芝士粉的顺序反复平铺2~3次。

6. 烤盘放入预热至190℃的烤箱中，烘烤20~25分钟即可。

鸡蛋开那批

原料

熟鸡蛋……5个
蛋黄酱……2大勺
酸黄瓜末……1大勺
蜂蜜……1/2大勺
芥末酱……1小勺

小贴士

如果没有星星形状的挤花嘴，则可使用小勺一点点填充。

煮熟鸡蛋的方法：将鸡蛋放入锅中，倒入足以没过鸡蛋的水，开火煮15分钟左右即可。添加少许盐和醋有利于方便地剥掉鸡蛋壳。煮熟后将鸡蛋浸泡在凉水中冷却后再剥掉外壳。

1. 将熟鸡蛋剥掉外壳后切半。

2. 将蛋黄酱、酸黄瓜末、蜂蜜、芥末酱均匀混合。

3. 从步骤1的鸡蛋中取出蛋黄，将蛋黄碾碎与步骤2的原料混合搅拌。

4. 在套有星星形状挤花嘴的挤花袋中装进步骤3的原料，将其挤进蛋白中即可。

猕猴桃汽水

原料

猕猴桃……2个
雪碧……50mL
白葡萄酒……500mL
柠檬汁……少许

小贴士

用于制作猕猴桃汽水的白葡萄酒适宜选择甜味白葡萄酒。

1. 去除猕猴桃外皮并切块。

2. 将猕猴桃和雪碧倒入搅拌器中搅拌细腻。

3. 在杯中倒入搅拌的果汁、白葡萄酒和柠檬汁即可。

Set
08

春川铁板鸡
手风琴烤土豆
桃子果汁

可能大多数人人生中第一次去春川旅行都少不了品尝铁板鸡的经历。也许现在已经回忆不起当初的味道，但同朋友们共同享用美食的情景却历历在目。由此看来，美食不仅仅依靠舌尖记忆，它还深深地藏在我们的眼中和心底。

春川铁板鸡

原料	
粉条	30g
鸡腿肉	300g
卷心菜	1/8棵
洋葱	1/2个
青阳辣椒	1个
芝麻叶	10片
食用油	少许

调味酱料	
辣椒酱	3大勺
辣椒粉	2大勺
白糖	2大勺
酱油	2大勺
料酒	2大勺
香油	1大勺
蒜泥	1/2大勺

1. 将粉条浸泡在足量的水中30分钟。

2. 均匀搅拌调味酱料的原料并放置30分钟，将鸡腿肉切成适宜食用的大小，在调味酱料中腌制30分钟。

3. 将卷心菜、洋葱、青阳辣椒、芝麻叶切条。

4. 热锅中倒入食用油翻炒鸡腿肉，片刻后再放入卷心菜、洋葱、辣椒、粉条翻炒，最后放入芝麻叶即可。

手风琴烤土豆

原料

土豆……4个
黄油……2大勺
盐……1/4小勺
胡椒……少许
香草粉……少许
橄榄油……1大勺
帕玛森芝士粉……1大勺

小贴士

在土豆上细密地切出刀口时，可在土豆的两侧分别垫上筷子，这样可以防止切断。筷子起到平衡与支撑的作用。

为防止土豆烤煳，可覆盖锡箔纸烘烤。

香草粉适宜选择迷迭香粉。

1. 土豆连皮清洗干净，底部留出约0.5cm的高度不切，细密地切出片状。

2. 将土豆放入烤盘，涂抹黄油后撒上盐、胡椒、香草粉，放进预热至200℃的烤箱烘烤30分钟。

3. 土豆烤熟后涂抹橄榄油和帕玛森芝士粉，再烘烤2~3分钟即可。

桃子果汁

原料

热水……2杯
水果香红茶茶包……1包
龙舌兰糖浆(或蜂蜜)……2大勺
桃子……1个
冰块……少许
香草……少许

小贴士

水果香红茶茶包可选用桃子香味的。使用桃子香茶包能够使您享受到更为浓郁的桃子的芳香。

香草可使用苹果薄荷或百里香。

1. 热水中放入红茶茶包，浸泡5分钟后取出茶包，添加龙舌兰糖浆（或蜂蜜），放入冷藏室保存。

2. 桃子连皮切成薄薄的月牙形片。

3. 杯中放入冰块和桃子，倒入冰凉的红茶水，再点缀香草即可。

Set
09

手卷寿司
照烧鸡肉串
红柿果昔

我最钟情的事情之一便是在大雪纷飞的日子，仰望那挂满沉甸甸、红艳艳的大柿子的柿子树。冬季仍留在树上的柿子是为了方便觅食的喜鹊，因此也被称作“喜鹊饭”。您不妨在盛产柿子的季节，多购买一些储藏在冰箱冷冻室中。这样，即便在炎炎夏日，也将有一份令人惊喜的“喜鹊饭”在等着您哦。

手卷寿司

原料

热米饭……2碗
白糖……1大勺
盐……1/4小勺
食用油……少许
蟹肉……2条
黄瓜……1/2根
红灯笼辣椒……1/2个
萝卜苗……少许
紫菜（紫菜包饭用）……5张

混合醋

醋……2大勺
白糖……1大勺
盐……1小勺

鸡蛋卷

鸡蛋……3个
白糖……1大勺
盐……1/4小勺

小贴士

日语中“てまき”的意思是用手卷起，它与寿司“すし”相遇，便组合成了日式手卷寿司。

如果预先卷好放置容易变得湿软，所以将所有原料准备妥当，在餐桌上各自现卷现吃是更不错的选择。

1. 将混合醋的原料均匀搅拌后倒入热乎乎的米饭中，搅拌混合。

2. 将3个鸡蛋打散，在鸡蛋液中添加白糖和盐，搅拌均匀后，在热锅中倒入食用油，煎成鸡蛋卷。

3. 将蟹肉、黄瓜、红灯笼辣椒切丝，鸡蛋卷切条，萝卜苗清洗干净并控干水。

4. 将紫菜对半剪开，斜着放置步骤1中的米饭，再放置步骤3准备好的原料，缓缓卷起即可。

照烧鸡肉串

原料

鸡胸脯肉……3块（约75g）
清酒……1大勺
红灯笼辣椒……1/2个
黄灯笼辣椒……1/2个
大葱……1/2根
圣女果……6个
食用油……少许

照烧调味料

水……1/4杯
酱油……3大勺
料酒……3大勺
白糖……1/2大勺
低聚糖……1/2大勺

小贴士

先刷上照烧调味料后再烤制容易烤煳，因此待鸡肉基本烤熟后再反复刷几次调味料即可。

1. 将鸡肉切成适宜食用的大小，淋上清酒腌制10分钟。

2. 将红、黄灯笼辣椒和大葱切成与鸡肉相似的大小，去除圣女果根蒂并清洗干净。

3. 在锅中倒入照烧调味料，熬制1~2分钟。

4. 在竹签上串起原料，热锅中倒入食用油，正反面均匀烤制，待鸡肉快烤熟时刷上照烧调味料，反复刷几次调味料至烤好。

红柿果昔

原料

红柿……2个
纯酸奶……1个
牛奶……1/3杯
蜂蜜……1大勺

小贴士

根据个人喜好调整蜂蜜用量。

1. 去除红柿果皮，仅剩余果肉。

2. 将红柿、纯酸奶、牛奶、蜂蜜倒入搅拌器，搅拌细腻即可。

Set
10

戈贡佐拉芝士意大利面
柠檬调味汁卡普列塞
柠檬汽水

戈贡佐拉（Gorgonzola）芝士是沾满霉菌的蓝芝士的一种，柔软而且清香逼人，具有独特的魅力。无论是添加在比萨、汉堡中，还是用于制作意大利面都美味无比。准备一些柠檬制作柠檬调味汁卡普列塞（Caprese）和酸酸甜甜的柠檬汽水。

戈贡佐拉芝士意大利面

原料

意式宽面	160g	橄榄油	1大勺
盐	少许	白葡萄酒	1大勺
中虾	10只	牛奶	1杯
洋葱	1/4个	鲜奶油	1杯
西蓝花	1/3个	戈贡佐拉芝士	60g
黄油	1大勺	胡椒	少许

小贴士

戈贡佐拉芝士略微带有咸味，需要一边品尝味道，一边适量添加。

煮意式宽面或其他意大利面时，每一升水搭配一大勺盐即可。

为了制作出美味的意大利面，煮面的步骤和制作调味酱料的步骤最好同时完成。请计算好时间进行准备。

将虾和西蓝花分开翻炒，目的是防止虾肉过于筋道，西蓝花又过于绵软。

1. 在沸水中放入意式宽面和盐，依照包装纸上的时间煮面。

2. 去除虾的外皮和内脏，保留尾部。将洋葱切丁，西蓝花切成适宜食用的大小，在热水中焯一下西蓝花。

3. 热锅中倒入黄油和橄榄油，将洋葱翻炒至呈金黄色。

4. 添加虾翻炒片刻后倒入白葡萄酒，当散发香味后添加西蓝花，略微翻炒后盛入盘中。

5. 在步骤4的锅中倒入牛奶、鲜奶油、戈贡佐拉芝士，煮4~5分钟。

6. 添加虾、西蓝花、洋葱、意式宽面，煮片刻后添加盐、胡椒调味即可。

柠檬调味汁卡普列塞

原料

马苏里拉芝士（或意大利芝士球）……10个
圣女果……10个
罗勒……10片

柠檬调味汁

橄榄油……3大勺
醋……1大勺
柠檬汁……1大勺
蜂蜜……1大勺
盐……少许

小贴士

这里用的马苏里拉芝士是小一号的生马苏里拉芝士。外形圆滚滚的，一口便能吞入，吃起来非常方便。

可以使用西红柿代替圣女果。

1. 在厨房毛巾上放置马苏里拉芝士，去除水分。

2. 去除圣女果的根蒂并清洗干净。

3. 在竹签上依次串上罗勒、芝士、圣女果。

4. 将柠檬调味汁的原料均匀搅拌淋在步骤3的串串上即可。

柠檬汽水

原料

纯净水……3杯
白糖……1/2杯
柠檬……2个

1. 锅中倒入1杯纯净水、白糖，煮至白糖溶解后关火冷却。

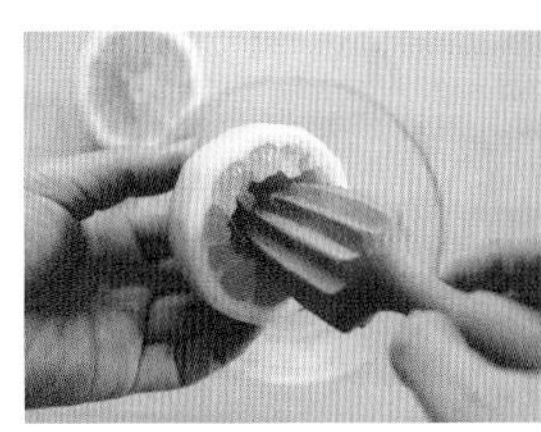

2. 挤出柠檬汁。

3. 将步骤1的糖浆与2杯纯净水、柠檬汁混合后倒入杯中即可。

Set
11

泰式炒粉
春卷
蜂蜜姜茶

泰国料理深受全世界人民的喜爱，走遍世界各地的城市，似乎都能找到泰国餐厅。热滚滚的汤汁配以米粉固然美味，不过我个人更钟情泰式炒粉。这里选用春卷作为前菜加以搭配，大家一起来享受泰国风情吧。

泰式炒粉

原料

米粉	160g	蒜泥	1大勺
中虾	10只	清酒	1大勺
洋葱	1/4个	鱼露	1大勺
绿豆芽	2把（80g）	蚝油	1+1/2大勺
鸡蛋	2个	白糖	1/2大勺
食用油	少许	花生末	1大勺

小贴士

如果您想体验更正宗的泰国风味，那么还可以添加两三根香茅。

1. 将米粉在凉水中浸泡30分钟，使其充分泡软。

2. 去除虾外壳和内脏，保留尾部，洋葱切丁，去除绿豆芽根蒂。

3. 鸡蛋搅匀，热锅中倒入食用油，倒入鸡蛋翻炒，炒熟后盛出。

4. 热锅中倒入食用油，翻炒蒜泥、洋葱，待香味溢出后加入虾，翻炒片刻倒入清酒，大火翻炒至酒精挥发。

5. 添加泡好的米粉翻炒片刻，添加鱼露、蚝油、白糖继续翻炒。

6. 完全入味后添加绿豆芽翻炒，再倒入炒鸡蛋和花生末搅拌均匀即可。

春卷

原料

菠菜……1/3捆（120g）
鸡胸脯肉……3块（75g）
盐……1/4小勺
胡椒……少许
马苏里拉芝士……2/3杯
春卷皮……10片
食用油……适量
甜辣酱……3大勺

小贴士

在大型超市或商场的食品区能够购买到春卷皮。

趁热食用，春卷中的马苏里拉芝士鲜香绵软，口感更佳。

1. 在滚水中添加盐，放入菠菜焯一下，捞出后挤干水分，切细碎。

2. 鸡肉撒上盐、胡椒，腌入味后放入蒸锅蒸7~8分钟，取出撕成细丝。

3. 盆中倒入菠菜、鸡肉、马苏里拉芝士，搅拌均匀后添加盐、胡椒调味。

4. 展开春卷皮，添加步骤3的馅料，如图折叠后从下至上卷起。

5. 热锅中倒入足量食用油，一边翻卷春卷，一边煎炸，煎熟后搭配甜辣酱食用。

蜂蜜姜茶

原料

姜……100g
有机白糖……1/2杯
蜂蜜……1/3杯

小贴士

可在1杯热水中添加2大勺熟成的蜂蜜姜茶，常常饮用有益健康。可根据个人喜好调节添加量。

有机白糖偶尔会出现较大的颗粒，熟成过程中这些大颗粒可能不易溶解，因此先把有机白糖研磨细碎后再使用为宜。

1. 去除姜的外皮后切成薄片。

2. 在消毒后的玻璃瓶中依次放入姜、适量有机白糖、蜂蜜，最后再倒入1cm高的有机白糖，放入冷藏室7天左右，进行熟成。

Set
12

家庭手工芝士汉堡
炸薯块
柠檬水

平日由于上班辛苦，没时间为家人准备精美丰盛的正餐，所以一到周末便迫不及待地想奉献一桌特别的美食。与其全家出去吃洋快餐，不如动手自制解馋的家庭手工芝士汉堡与炸薯块，再搭配酸甜的柠檬水，享受属于全家人的美妙的晚餐时光。

家庭手工芝士汉堡

原料

- 早餐面包……6个
- 圆生菜……2~3片
- 西红柿……1个
- 食用油……少许

酱汁

- 蛋黄酱……2大勺
- 辣酱油……1大勺
- 西红柿沙司……1大勺

馅料

- 洋葱……1个
- 面包……1片
- 牛奶……50mL
- 牛肉末……300g
- 猪肉末……100g
- 鸡蛋……1个
- 马苏里拉芝士……60g
- 辣酱油……1/2大勺
- 盐……2/3小勺
- 胡椒……少许

小贴士

添加猪肉能够使馅料的口感更绵软。根据个人喜好，也可以只添加牛肉。

如果有剩余的馅料，可以捏成扁圆饼状保存在冷冻室。再次食用时，可放在冷藏室中自然解冻，然后在烤箱中烘烤即可。

1. 热锅中倒入食用油，将洋葱切丁后在油锅中翻炒至呈金黄色，随后冷却。西红柿切成厚0.5cm的圆片。

2. 在牛奶中浸泡面包，取出后放入盆中，添加炒好的洋葱和其他的馅料原料，搅拌至产生弹力。

3. 将馅料按每份60g的大小分成若干份，以早餐面包为基准，捏成扁圆饼状，再放入倒入食用油的热锅中，将正反面煎至金黄色。

4. 将早餐面包切半，涂抹混合后的酱汁，取半片面包依次放上圆生菜、西红柿、馅饼，盖上另一片面包即可。

炸薯块

原料

土豆……2个
橄榄油……1大勺
帕玛森芝士粉……1大勺
欧芹粉……1小勺
盐……1/2小勺
胡椒……少许

1. 将土豆等分成五六块月牙形。

2. 盆中放入土豆、橄榄油、帕玛森芝士粉、欧芹粉、盐、胡椒，均匀搅拌。

3. 将拌好的土豆放入烤箱，在预热至190℃的烤箱中烘烤25~30分钟即可。

小贴士

如果想缩短烘烤的时间，则可先将土豆煮至八成熟，切成月牙形，搅拌调味料后再烘烤。

柠檬水

1. 用粗盐揉搓柠檬后浸泡在热水中1分钟，去除杂质。

2. 控干水后切成厚0.5cm的圆片。

3. 在纯净水中放入柠檬片，浸泡15~20分钟即可。

原料

柠檬……1个
粗盐……少许
纯净水……1升

Set
13

辣炒年糕
海鲜饼
梨汤

辣炒年糕被称作韩国人的灵魂食物毫不为过，恐怕每个韩国人都怀揣着一段有关辣炒年糕的记忆吧。近来，辣炒年糕也走起了国际化路线，无论是口味还是外观都变得越来越多样化，但无论潮流如何变换，最美味的还是那红艳艳的能勾起人无限食欲的传统辣炒年糕！您不妨用海鲜饼来烘托那番鲜辣的滋味吧。

辣炒年糕

原料

洋葱……1/2个
青辣椒……1个
红辣椒……1个
干香菇……2个
鱼饼……100g（2片）
食用油……少许
蒜泥……1小勺
炒年糕用年糕……400g

调味酱料

水……1+1/2杯
低聚糖……2大勺
辣椒粉……1大勺
酱油……1大勺
蚝油……1大勺
辣椒酱……1大勺

小贴士

浸泡干香菇时，将干香菇浸泡在凉水中约30分钟即可。

也可用白糖代替低聚糖。

1. 洋葱切丝，青、红辣椒斜切，去除干香菇的根蒂，在凉水中浸泡后切丝。

2. 将鱼饼切成适宜食用的大小。

3. 热锅中倒入食用油，翻炒蒜泥，待香气溢出后倒入年糕翻炒。

4. 混合调味酱料原料后倒入步骤3的年糕中，煮3分钟左右，再添加洋葱、辣椒、香菇、鱼饼，煮至沸腾即可。

海鲜饼

原料

- 鱿鱼……1/2条
- 中虾……5只
- 蛤仔肉……1/2杯
- 香葱……1/2根
- 红辣椒……1个
- 煎炸粉……150g
- 糯米粉……2大勺
- 水……1+1/2杯
- 盐……少许
- 胡椒……少许
- 食用油……少许
- 鸡蛋……1个

调味酱料

- 酱油……3大勺
- 醋……1大勺
- 辣椒粉……1小勺

小贴士

将海鲜预先用水焯过，煎饼时才不会出过多水。

1. 将鱿鱼切小块，去除虾的内脏和外壳，蛤仔肉冲洗干净。

2. 在沸水中略微焯一下步骤1中处理好的海鲜。

3. 清洗干净香葱，去除根蒂和葱尖，红辣椒斜切。

4. 盆中倒入煎炸粉、糯米粉、水、盐、胡椒，均匀混合制成面糊。

5. 热锅中倒入食用油，将面糊薄薄地铺在锅内，随后放入香葱、海鲜、红辣椒、搅匀的鸡蛋，然后煎饼。

6. 混合调味酱料的原料，搭配海鲜饼食用即可。

梨汤

原料

梨……1个
姜……2块
水……4杯
蜂蜜……2大勺

小贴士

如果添加5~6颗胡椒粒，就能够享受更为辛辣、咸香的梨汤了。

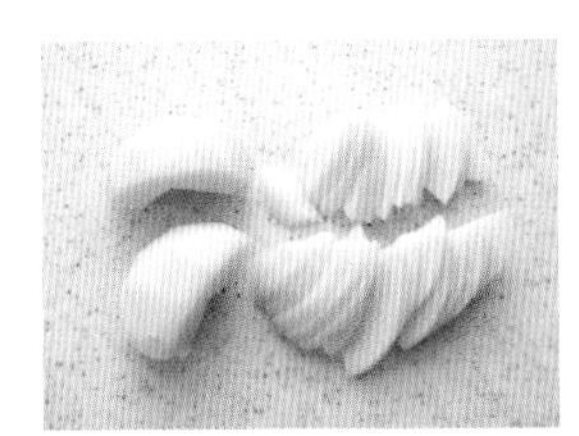

1. 去除梨的外皮和果核后4等分，再切成薄片。

2. 去除姜皮，再切成薄片。

3. 锅中倒入梨、姜、水，用小火煮至梨变得透明。

4. 用筛子过滤后，在汤汁中加入蜂蜜即可。

附赠食谱

Plus Recipe 01

花生调味酱火锅沙拉

原料

鳀鱼汁……5杯
火锅用牛肉片……300g
沙拉用蔬菜……1把

调味酱

花生黄油……3大勺
纯净水……3大勺
花生……2大勺
蛋黄酱……2大勺
柠檬汁……1大勺
酱油……1/2大勺

小贴士

制作美味沙拉的重中之重是要使用完全控干水的蔬菜。可使用厨房毛巾或蔬菜脱水器辅助。

1. 锅中倒入鳀鱼汁，煮沸后焯一下牛肉片再捞出冷却。
2. 清洗干净沙拉用蔬菜并控干水。
3. 混合搅拌调味酱原料，倒入搅拌器搅拌细腻。
4. 在盘中盛放蔬菜和牛肉，搭配调味酱食用即可。

Plus Recipe 02

虾肉芝士烤面包

原料

中虾……5只
生马苏里拉芝士……50g
橄榄油……1+1/2大勺
柠檬汁……1大勺
蒜泥……1小勺
盐……1/3小勺
胡椒……少许
棒面包……1/2个
黄油……适量

1. 将虾去除虾头、内脏和外壳，在热水中焯一下。
2. 将焯过的虾仁切成1cm长，生马苏里拉芝士切成边长0.5cm的块状。
3. 盆中放入虾肉、橄榄油、柠檬汁、蒜泥、盐、胡椒、生马苏里拉芝士，均匀搅拌后放入冷藏室，熟成30分钟。
4. 将棒面包斜切成片，涂抹薄薄一层黄油，放入预热至180℃的烤箱，烘烤至金黄色。
5. 在烘烤好的棒面包片上摆放步骤3的原料即可。

Plus Recipe 03

烤蘑菇沙拉

原料

双孢菇……5个
橄榄油……2大勺
蒜泥……1小勺
香醋……1+1/2大勺
盐……少许
芝麻菜……1把
帕玛森芝士粉……1大勺

1. 用厨房毛巾擦洗干净双孢菇表面，并将其4等分。
2. 热锅中倒入橄榄油，翻炒蒜泥片刻，倒入双孢菇翻炒至完全没有水分。
3. 倒入1大勺香醋，翻炒片刻后加入盐调味。
4. 将芝麻菜清洗干净并控干水后，淋上1/2大勺香醋，撒上帕玛森芝士粉，搭配炒好的蘑菇食用即可。

Plus Recipe 04

虾肉素面沙拉

原料

虾……12只
素面……100g
沙拉用蔬菜……1把

调味汁

酱油……2大勺
柠檬汁……2大勺
白糖……2大勺
橄榄油……2大勺
香油……1大勺

1. 将虾去除虾头、内脏、外壳后用热水焯一下。
2. 将素面在热水中煮过后捞出，反复用凉水冲洗，去除水分后冷却。
3. 清洗干净沙拉用蔬菜并控干水。
4. 均匀搅拌调味汁原料。
5. 将素面盛入盘中，围绕盘子一周摆放虾仁，中间放置沙拉用蔬菜，搭配调味汁食用即可。

美味料理活用法

52套132道菜谱

{ 美味的下酒菜及夜宵 }

{ 充实的一碗料理 }

{ 简单的配菜 }

{苗条的低热量料理}

{丰盛的派对料理}

       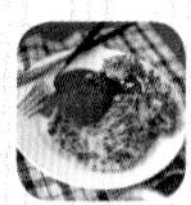

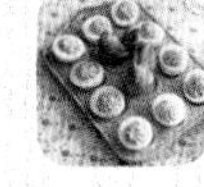      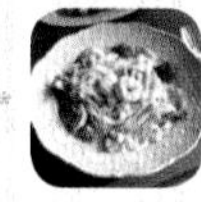 

{营养百分百的儿童加餐}

   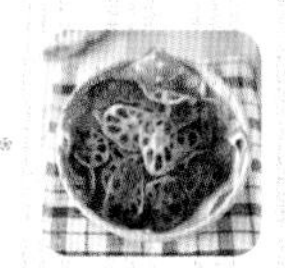 

图书在版编目（CIP）数据

好时光："家中的咖啡馆"无国界美味三餐/（韩）郑荣仙著；郑丹丹译. —郑州：河南科学技术出版社，2015.7
ISBN 978-7-5349-7780-0

Ⅰ.①好… Ⅱ.①郑… ②郑… Ⅲ.①食谱 Ⅳ.①TS972.12

中国版本图书馆CIP数据核字（2015）第104658号

出版发行：河南科学技术出版社
地址：郑州市经五路66号　　邮编：450002
电话：（0371）65737028　　65788613
网址：www.hnstp.cn
策划编辑：李　洁
责任编辑：杨　莉
责任校对：徐小刚
封面设计：张　伟
责任印制：张艳芳
印　　刷：北京盛通印刷股份有限公司
经　　销：全国新华书店
幅面尺寸：190 mm×240 mm　　印张：17　　字数：266千字
版　　次：2015年7月第1版　　2015年7月第1次印刷
定　　价：58.00元

如发现印、装质量问题，影响阅读，请与出版社联系调换。